21 世纪高职高专示范性精品教材·自动化类

工业控制网络与人机界面组态技术

主　编　岩淑霞

副主编　张玉良　周占怀

北京理工大学出版社
BEIJING INSTITUTE OF TECHNOLOGY PRESS

图书在版编目（CIP）数据

工业控制网络与人机界面组态技术／岩淑霞主编 . —北京：北京理工大学出版社，2019.4（2023.2 重印）

ISBN 978 – 7 – 5682 – 6798 – 4

Ⅰ.①工… Ⅱ.①岩… Ⅲ.①工业控制计算机 – 计算机网络 ②人机界面 – 程序设计 Ⅳ.①TP273 ②TP311.1

中国版本图书馆 CIP 数据核字（2019）第 036013 号

出版发行／北京理工大学出版社有限责任公司

社　　　址／北京市海淀区中关村南大街 5 号

邮　　　编／100081

电　　　话／（010）68914775（总编室）

　　　　　　（010）82562903（教材售后服务热线）

　　　　　　（010）68944723（其他图书服务热线）

网　　　址／http：//www.bitpress.com.cn

经　　　销／全国各地新华书店

印　　　刷／三河市华骏印务包装有限公司

开　　　本／787 毫米 ×1092 毫米　1/16

印　　　张／13.5　　　　　　　　　　　　　　责任编辑／李志敏

字　　　数／320 千字　　　　　　　　　　　　文案编辑／李志敏

版　　　次／2019 年 4 月第 1 版　2023 年 2 月第 3 次印刷　　责任校对／周瑞红

定　　　价／39.80 元　　　　　　　　　　　　责任印制／施胜娟

前言
Preface

　　随着信息化技术向工业控制领域的延伸，工业控制网络的应用越来越广泛。工业控制网络技术的应用与发展，对于现代工业企业实现网络化控制以及网络制造具有重要的促进作用。本书介绍了典型工业控制网络结构，阐述了典型工业控制网络的基本模式，突出了工业控制网络技术的特点与优势。

　　随着工业控制网络的普及应用，触摸屏组态技术在工业网络组建中起着越来越重要的作用。本书详细介绍了基于西门子组态软件 WinCC flexible 的工业控制系统的人机界面组态方案。本书遵循"以就业为导向，以能力为本位"的教育理念，根据专业职业能力培养的要求，采用项目化教学方法进行内容设计，坚持"做中学"的教学方法。在项目的选取过程中力求深入浅出，且涵盖范围广，希望读者能够通过各个项目的学习做到举一反三，触类旁通。

　　本书的主要内容包括工业控制网络概述、数据与网络通信基础、人机界面的选型及人机界面与 PC 的连接、WinCC flexible 快速入门、项目与画面的组态、画面对象的组态、用户管理与报警的组态、工业以太网电缆接头制作实验、网络配置实验、单环冗余网络实验、无线通信实验、实时通信实验（通过 PROFINET IO 系统）、虚拟网络 VLAN 实验、防火墙实验。

　　本书是由苏州健雄职业技术学院与北京德普罗尔科技有限公司联合开发的校企合作教材。本书的第 1~7 章由苏州健雄职业技术学院的岩淑霞编写，第 8~14 章由北京德普罗尔科技有限公司的张玉良工程师编写。本书可作为高职高专院校学生的教材，适用的专业包括电气自动化技术、电力系统自动化技术、机电一体化技术、应用电子技术和数控技术等。本书建议学时为 60 学时，其中理论教学为 20 学时，上机实验和实训为 40 学时。当不同专业选用本书作为教材时可以根据实际需要对部分内容进行删减。

　　由于作者水平有限，书中难免有错误和疏漏之处，望广大读者批评指正。

编　者

目录 Contents

模块三 工业网络通信实验

模块一　通信基础知识

第 1 章

工业控制网络概述

　　随着计算机网络技术的发展，互联网正在把全世界的计算机系统和通信系统逐渐集成起来，形成信息高速公路和共用数据网络。随着计算机网络向工厂的不断渗透，传统的工业控制领域也正经历着一场前所未有的变革，开始向着数字化网络的方向发展，形成了新的工业控制网络。工业控制系统的结构从最初的集中控制系统（Central Control System，CCS）发展到第二代集散控制系统（Distributed Control System，DCS），再发展到现在流行的现场总线控制系统（Fieldbus Control System，FCS），而新一代的工业以太网控制系统又将引起工业控制领域的新的变革。

1.1　工业控制系统的发展历史

1.1.1　模拟仪表控制系统

　　随着科学技术的快速发展，过程控制领域在过去的两个世纪里发生了巨大的变革。150多年前出现的基于 5 ~ 13psi 的气动控制系统（Pneumatic Control System，PCS），标志着控制理论初步形成，但此时尚未有控制室的概念；20 世纪 50 年代，基于 0 ~ 5 V 或 4 ~ 20 mA 的电流模拟信号的模拟过程控制体系被提出并得到广泛的应用，这标志着电气自动控制时代的到来，三大控制论的确立奠定了现代控制的基础，设立控制室、控制功能分离的模式也一直沿用至今；20 世纪 70 年代，随着数字计算机的介入，产生了集中控制的中央控制计算机系统，而信号传输系统大部分依然沿用 4 ~ 20 mA 的模拟信号，不久人们发现集中控制系统存在着易失控和可靠性低的缺点，并很快将其发展为 DCS；微处理器的普遍应用和计算机可靠性的提高，使 DCS 得到了广泛的应用，由多台计算机和一些智能仪表以及智能部件实现的

3

分布式控制是其最主要的特征，而数字传输信号也在逐步取代模拟传输信号。随着微处理器的快速发展和广泛应用，数字通信网络延伸到工业过程现场成为可能，产生了以微处理器为核心，使用集成电路代替常规电子线路，实施信息的采集、显示、处理、传输以及优化控制等功能的智能设备。设备之间彼此通信，可以实现设备间的控制功能，在精度、可操作性、可靠性和可维护性等方面也有了更高的要求，最终促使了现场总线的产生。

1.1.2　直接数字控制

直接数字控制（Direct Digital Control，DDC）。系统的组成通常包括中央控制设备（集中控制电脑、彩色监视器、键盘、打印机、不间断电源、通信接口等），现场 DDC 控制器，通信网络，以及相应的传感器、执行器和调节阀等元器件。它代替了传统控制组件（如温度开关、接收控制器或其他电子机械组件等），且性能优于 PLC，成为各种建筑环境控制的通用模式。DDC 系统利用微信号处理器来执行各种逻辑控制功能，它主要采用电子驱动，也可用传感器连接气动机构。DDC 系统的最大特点是从参数的采集、传输到控制等各个环节均采用数字控制功能来实现。一个数字控制器可实现多个常规仪表控制器的功能，可有多个不同对象的控制环路。

所有的控制逻辑均由微处理器执行，并以各控制器为基础完成控制功能。这些控制器接收传感器常用触点或其他仪器传送来的输入信号，并根据软件程序处理这些信号，再输出信号到外部设备。这些信号可用于启动或关闭机器，打开或关闭阀门或风门，或按程序执行复杂的动作。这些控制器可实现用户用手操作中央机器系统或终端系统的目的。

DDC 控制器是整个 DDC 系统的核心，是 DDC 系统实现控制功能的关键部件。它的工作过程是通过模拟量输入通道（AI）和数字量输入通道（DI）采集实时数据，并将模拟信号转变成计算机可接受的数字信号（A/D 转换），然后按照一定的控制规律进行运算，最后发出控制信号，并将数字信号转变成模拟信号（D/A 转换），通过模拟量输出通道（AO）和数字量输出通道（DO）直接控制设备的运行。

1.1.3　集散控制系统

DCS 是以微处理器为基础，采用控制功能分散、显示操作集中、兼顾分而自治和综合协调的设计原则的新一代仪表控制系统。DCS 也可称为"分散控制系统"或"分布式计算机控制系统"。它采用控制分散、操作和管理集中的基本设计思想，采用多层分级、合作自治的结构形式。其主要特征是可以实现集中管理和分散控制。目前 DCS 在电力、冶金和石化等各行各业都得到了极其广泛的应用。

过程控制级和过程管理级是组成 DCS 的两个最基本的环节。过程控制级具体实现信号的输入、变换、运算和输出等分散控制功能。在不同的 DCS 中，过程控制级的控制装置各不相同，如过程控制单元、现场控制站和过程接口单元等，但它们的结构形式大致相同，可以统称为现场控制单元（Field Control Unit，FCU）。过程管理级由工程师站、操作员站和管理计算机等组成，可以实现对过程控制级的集中监视和管理，通常称为操作站。DCS 的硬件和软件都是按模块化结构设计的，所以 DCS 的开发实际上就是将系统提供的各种基本模块按实际的需要组合成为一个系统，这个过程称为系统的组态。

1.1.4　现场总线控制系统

FCS 是 DCS 的更新换代产品，且已经成为工业生产过程自动化领域中一个新的热点。现场总线技术是 20 世纪 90 年代兴起的一种先进的工业控制技术，它将现代网络通信与管理的观念引入工业控制领域。从本质上说，它是一种数字通信协议，是连接智能现场设备和自动化系统的数字式、全分散、双向传输和多分支结构的通信网络。它是控制技术、仪表工业技术和计算机网络技术三者的结合，具有现场通信网络、现场设备互连、互操作性、分散的功能块、通信线供电和开放式互连网络等技术特点。这些特点不仅保证了它完全可以适应目前工业界对数字通信和自动控制的需求，而且使它与互联网互连，构成不同层次的复杂网络成为可能，代表了今后工业控制体系结构发展的一种方向。

现场总线是顺应智能现场仪表的发展需求而发展起来的一种开放型的数字通信技术，其发展的初衷是用数字通信代替一对一的 I/O 连接方式，把数字通信网络延伸到工业过程现场。根据国际电工委员会（IEC）和美国仪表协会（ISA）的定义，现场总线是连接智能现场设备和自动化系统的数字式、双向传输和多分支结构的通信网络，它的关键标志是能支持双向、多节点、总线式的全数字通信。

随着现场总线技术与智能仪表管控一体化（仪表调校、控制组态、诊断、报警、记录）技术的发展，这种开放型的工厂底层控制网络构造了新一代的网络集成式全分布计算机控制系统，即 FCS。FCS 作为新一代控制系统，采用了基于开放式和标准化的通信技术，突破了DCS 采用专用通信网络的局限，同时进一步变革了 DCS 中的集散系统结构，形成了全分布式系统架构，把控制功能彻底下放到现场。简言之，现场总线将控制系统最基础的现场设备变成网络节点连接起来，实现自下而上的全数字化通信，可以认为这是通信总线在现场设备中的延伸，把企业信息沟通的覆盖范围延伸到了工业现场。

传统计算机控制系统中，现场仪表和控制器之间均采用一对一的物理连接。这种传输方式一方面会给现场安装、调试及维护带来困难，另一方面难以实现现场仪表的在线参数整定和故障诊断，无法实时掌握现场仪表的实际情况，使得处于最底层的模拟变送器和执行机构成为计算机控制系统中最薄弱的环节。

FCS 采用数字信号传输的方式，允许在一条通信线缆上挂接多个现场设备，而不再需要A/D、D/A 等 I/O 组件。当需要增加现场控制设备时，现场仪表可就近连接在原有的通信线缆上，无须增设其他任何组件。

从结构上看，DCS 实际上是半分散、半数字的系统，而 FCS 采用的是一个全分散、全数字的系统架构。FCS 的技术特征可以归纳为以下几个方面：

（1）全数字化通信——现场信号都保持着数字特性，现场控制设备采用全数字化通信。

（2）开放式互连网络——可以与任何遵守相同标准的其他设备或系统相连。

（3）互操作性与互用性——互操作性的含义是指来自不同制造厂的现场设备可以互相通信，统一组态；互用性则意味着不同生产厂家的性能类似的设备可进行互换而实现互用。

（4）现场设备的智能化——总线仪表除了能实现基本功能之外，往往还具有很强的数据处理、状态分析及故障自诊断功能，系统可以随时诊断设备的运行状态。

5）系统架构的高度分散性——它可以把传统控制站的功能块分散地分配给现场仪表，构成一种全分布式控制系统的体系结构。

1.2 现代控制网络——工业以太网

1.2.1 工业以太网概述

工业以太网是基于 IEEE 802.3（Ethernet）的强大的区域和单元网络。工业以太网提供了一个无缝集成到新的多媒体世界的途径。企业内部互联网（Intranet）、外部互联网（Extranet）以及国际互联网（Internet）提供的广泛应用不但已经进入今天的办公室领域，而且可以应用于生产和过程自动化。继 10 M 波特率以太网成功运行之后，具有交换功能、全双工和自适应的 100 M 波特率快速以太网（Fast Ethernet，符合 IEEE 802.3u 的标准）也已成功运行多年。采用何种性能的以太网取决于用户的需要。通用的兼容性允许用户无缝升级到新技术。

在今天的控制系统和工厂自动化系统中，以太网的应用几乎已经和 PLC 一样普及。那么选择正确的工业以太网要考虑哪些因素呢？简单来说，要从以太网通信协议、电源、通信速率、工业环境认证、安装方式、外壳对散热的影响、简单通信功能和通信管理功能、电口或光口等方面来考虑。这些都是需要了解的最基本的产品选择因素。如果对工业以太网的网络管理有更高要求，则需要考虑所选择产品的高级功能，如信号强弱、端口设置、出错报警、串口使用、主干冗余（TrunkingTM）、环网冗余（RapidRingTM）、服务质量（QoS）、虚拟局域网（VLAN）、简单网络管理协议（SNMP）和端口镜像等其他工业以太网管理交换机可以提供的功能。不同的控制系统对网络的管理功能要求不同，自然对管理型交换机的使用也有不同要求。控制工程师应该根据系统的设计要求，挑选适合系统的工业以太网产品。

由于工业环境对工业控制网络可靠性能的超高要求，工业以太网的冗余功能应运而生。从快速生成树冗余（RSTP）、环网冗余到主干冗余，它们都有各自不同的优势和特点，控制工程师可以根据要求进行选择。

1.2.2 工业以太网的技术特点

工业以太网具有价格低廉、稳定可靠、通信速率高、软/硬件产品丰富、应用广泛以及支持技术成熟等优点，已成为最受欢迎的通信网络之一。近些年来，随着网络技术的发展，以太网进入了控制领域，形成了新型的以太网控制网络技术。这主要是由于工业自动化系统向分布化、智能化控制方面发展，开放的、透明的通信协议是必然的要求。将以太网技术引入工业控制领域，其技术特点非常明显，具体有以下几点：

（1）以太网是全开放、全数字化的网络，采用不同网络协议的设备可以很容易实现互连。

（2）以太网能实现工业控制网络与企业信息网络的无缝连接，形成企业级管控一体化的全开放网络。

（3）软、硬件成本低廉。由于以太网技术已经非常成熟，支持以太网的软、硬件受到厂商的高度重视和广泛支持，有多种软件开发环境和硬件设备供用户选择。

（4）通信速率高。随着企业信息系统规模的扩大和复杂程度的提高，对信息量的需求也越来越大，有时甚至需要音频和视频数据的传输，当前通信速率为 10 Mb/s、100 Mb/s 的快速以太网开始广泛应用，千兆以太网技术也逐渐成熟，10 Gb/s 以太网技术也正在研究中，其速率比现场总线快很多。

（5）可持续发展潜力大。在这信息瞬息万变的时代，企业的生存与发展在很大程度上依赖于一个快速而有效的通信管理网络，信息技术与通信技术的发展将更加迅速、更加成熟，这保证了以太网技术持续不断地向前发展。

1.2.3 工业以太网的优势

工业以太网是应用于工业控制领域的以太网技术，在技术上与商用以太网（即 IEEE 802.3 标准）兼容，但是实际产品和应用却又完全不同。这主要表现在普通商用以太网的产品在设计时，在材质的选用，产品的强度、适用性以及实时性、互操作性、可靠性、抗干扰性和本质安全性等方面不能满足工业现场的需要，故在工业现场应用的是与商用以太网不同的工业以太网。工业以太网的优势具体表现在以下 4 个方面。

1. 应用广泛

以太网是应用最广泛的计算机网络技术，几乎所有的编程语言如 Visual C ++ 、Java 和 VisualBasic 等都支持以太网的应用开发。

2. 通信速率高

10 Mb/s 和 100 Mb/s 的快速以太网已开始广泛应用，千兆以太网技术也逐渐成熟，而传统的现场总线的最高速率只有 12 Mb/s（如西门子 Profibus – DP）。显然，以太网的速率要比传统现场总线要快得多，完全可以满足工业控制网络不断增长的带宽要求。

3. 资源共享能力强

随着互联网的发展，以太网已渗透到各个角落，网络上的用户已解除了资源地理位置上的束缚，在连入互联网的任何一台计算机上就能浏览工业控制现场的数据，实现"控管一体化"，这是其他任何一种现场总线都无法比拟的。

4. 可持续发展潜力大

以太网的引入将为控制系统的后续发展提供可能性，用户在技术升级方面无须独自研究投入，同时，机器人技术和智能技术的发展要求通信网络具有更高的带宽和性能、通信协议有更高的灵活性，这些要求以太网都能很好地满足。

1.3 现场总线

1.3.1 现场总线概述

现场总线（fieldbus）是近年来迅速发展起来的一种工业数据总线，它主要解决工业现场的智能化仪器仪表、控制器、执行机构等现场设备间的数字通信以及这些现场控制设备和高级控制系统之间的信息传递问题。现场总线由于具有简单、可靠、经济实用等一系列突出的优点，因而受到了许多标准团体和计算机厂商的高度重视。

现场总线是一种工业数据总线，是自动化领域中底层数据通信网络。简单地说，现场总线就是以数字通信替代了传统的 4～20 mA 模拟信号及普通开关量信号的传输，是连接智能现场设备和自动化系统的全数字、双向、多站的通信系统。现场总线的主要特征为：（1）全数字化通信；（2）开放式互连网络；（3）互操作性与互用性；（4）现场设备的智能化；（5）系统结构的高度分散性；（6）对现场环境的适应性。

现场总线的特点可总结为 4 点：（1）现场控制设备具有通信功能，便于构成工厂底层控制网络；（2）通信标准的公开、一致，使系统具备开放性，设备间具有互操作性；（3）功能块与结构的规范化使相同功能的设备间具有互用性；（4）控制功能下放到现场，使控制系统结构具备高度的分散性。

现场总线的优、缺点总结如下：

（1）优点：现场总线使自控设备与系统步入了信息网络的行列，为其应用开拓了更为广阔的领域；一对双绞线上可挂接多个控制设备，便于节省安装费用；节省维护开销；提高了系统的可靠性；为用户提供了更为灵活的系统集成主动权。

（2）缺点：网络通信中数据包的传输延迟、通信系统的瞬时错误和数据包丢失、发送与到达次序的不一致等都会破坏传统控制系统原本具有的确定性，使控制系统的分析与综合变得更复杂，使控制系统的性能受到负面影响。

1.3.2　现场总线的发展趋势

从现场总线本身来分析，它有两个明显的发展趋势：（1）寻求统一的现场总线国际标准；（2）工业以太网走向工业控制网络。

统一、开放的 TCP/IP 以太网是 20 多年来发展最成功的网络技术，过去一直认为以太网是为 IT 领域应用而开发的，它与工业网络在实时性、环境适应性和总线供电等许多方面的要求存在差距，在工业自动化领域只能得到有限应用。事实上，这些问题正在迅速得到解决，国内在 EPA（Ethernet for Process Automation）技术方面也取得了很大的进展。随着FF_HSE 的成功开发以及 PROFInet 的推广应用，可以预见以太网技术将会十分迅速地进入工业控制系统的各级网络。

国际上形成的工业以太网技术的四大阵营为主要用于离散制造控制系统的 Modbus – IDA 工业以太网、Ethernet/IP 工业以太网、PROFInet 工业以太网，主要用于过程控制系统的FF_HSE 工业以太网。

1.3.3　现场总线控制系统的组成

现场总线控制系统由控制系统、测量系统和设备管理系统三个部分组成，而网络系统的硬件和软件是它最有特色的部分。

1. 控制系统

控制系统的软件是系统的重要组成部分，控制系统的软件有组态软件、维护软件、仿真软件、设备软件和监控软件等。首先选择开发组态软件和控制操作人机接口（Man-Machine Interface，MMI）软件。通过组态软件，完成功能块之间的连接，选定功能块参数，进行网络组态。在网络运行过程中对系统数据进行实时采集，进行数据的处理、计算。

2. 测量系统

测量系统的特点为可进行多变量高性能的测量。测量仪表具有计算能力。测量系统采用数字信号，因此具有高分辨率，且准确性高，抗干扰和抗畸变能力强，同时还具有仪表设备的状态信息，可以对处理过程进行调整。

3. 设备管理系统

设备管理系统可以提供设备自身及过程的诊断信息、管理信息、设备运行状态信息（包括智能仪表）、厂商提供的设备制造信息。例如 Fisher – Rosemoune 公司推出的 AMS 管理系统，它安装在主计算机内，完成管理功能，可以构成一个现场设备的综合管理系统信息库，在此基础上实现设备的可靠性分析以及预测性维护，将被动的管理模式改变为可预测性的管理维护模式。

4. 网络系统的硬件与软件

网络系统的硬件包括系统管理主机、服务器、网关、协议变换器、集线器、用户计算机以及底层智能化仪表等。网络系统的软件有网络操作软件如 NetWare、LAN Manager 和 Vines，服务器操作软件如 Linux、OS/2 和 Window NT。

1.3.4　几种常见的现场总线

1. 控制层现场总线（ControlNet）

控制层现场总线是近年来推出的一种新的面向控制层的实时性现场总线网络，它提供如下功能：在同一物理介质链路上提供时间关键性 I/O 数据和报文数据，包括程序的上载/下载，组态数据和端到端的报文传递等通信支持。控制层现场总线对于连续和离散过程控制应用场合，均具有高度确定性和可重复性功能。

（1）确定性：预见数据何时能够可靠传输到目标的能力。

（2）可重复性：数据的传输时间不受网络节点的添加/删除情况或网络繁忙状况影响而保持恒定的能力。

控制层现场总线作为 ControlLogix 的通信背板，构成新一代控制器，能同时完成逻辑、过程、拖动和运动控制。

控制层现场总线是基于生产者/消费者模式的网络，它允许在同一链路上有多个控制器并存，支持输入数据或端到端信息的多路发送。

控制层现场总线非常适用于一些控制关系有复杂关联、要求控制信息同步、协调实时控制和数据传输速度要求较高的应用场合。控制层现场总线是开放的现场总线，由独立性国际组织——控制网国际（ControlNet International）负责管理，控制网国际旨在维护和发行控制层现场总线技术规范，管理成员单位的共同的市场推广工作，同时提供各个厂商产品之间的一致性和互操作性测试服务，保证控制层现场总线的开放性。

控制层现场总线的优点如下：

（1）同一链路上满足 I/O 数据、实时互锁、端到端报文传输和编程/组态信息等应用的多样的通信要求是确定性的、可重复的控制网络，适合离散控制和过程控制；

（2）同一链路上允许多个控制器同时并存；

（3）支持输入数据和端到端信息的多路发送；

（4）保证所选介质冗余和本征安全；

（5）安装和维护简单；

（6）网络上节点居于对等地位，可以从任意节点实现网络存取；

（7）拓扑结构灵活（总线型、树形和星形等），介质选择具有多样性（同轴电缆、光纤和其他）。

2. 设备层现场总线（DeviceNet）

设备层现场总线是 20 世纪 90 年代中期发展起来的一种基于 CAN 技术的开放型、符合全球工业标准的低成本、高性能的通信网络。它通过一根电缆将 PLC、传感器、光电开关、操作员终端、电动机、轴承座、变频器和软启动器等现场智能设备连接起来，是分布式控制系统减少现场 I/O 接口和布线树立、将控制功能下载到现场设备的理想解决方案。设备层现场总线不仅可以作为设备级的网络，还可以作为控制级的网络，通过设备层现场总线提供的服务还可以实现以太网上的实时控制。较之其他现场总线，设备层现场总线不仅可以接入更多、更复杂的设备，还可以为上层提供更多的信息和服务。

3. FF 现场总线（Fieldbus Foundation）

现场总线基金会（Fieldbus Foundation，FF）是国际公认的唯一不附属于某企业的公正非商业化的国际标准化组织，其宗旨是制定统一的现场总线国际标准，无专利许可要求，可供任何人使用。

FF 现场总线由低速 FF_H1 和高速 FF_HSE 组成，其协议规范建立在 OSI 参考模型之上。

（1）FF_H1：以 OSI 参考模型为基础的四层结构模型，采用令牌总线介质访问技术，用于工业生产现场设备连接。

（2）FF_HSE：采用基于以太网（IEEE 802.3）+ TCP/IP 的六层结构，主要用于制造业（离散控制）自动化以及逻辑控制、批处理和高级控制等场合。

FF 总线的优点如下：

（1）设备具有互操作性；

（2）过程数据得到改善；

（3）对进程有更多的了解；

（4）可提高工厂设备的安全性能，满足日益严格的控制设备安全要求；

（5）大大减少了网络安装费用。

4. LonWorks 现场总线（Local Operating Networks）

LonWorks 是 1991 年美国 Echelon 公司推出的通用总线，它提供了完整的端到端的控制系统解决方案，可同时应用在装置级、设备级和工厂级等任何一层总线中，并提供实现开放性互操作控制系统所需的所有组件，使控制网络可以方便地与现有的数据网络实现无缝集成。

LonTalk 通信协议是 LonWorks 技术的核心，它提供了 OSI 参考模型的全部 7 层服务，并固化于神经元芯片。

物理层支持多种传输介质，不同的介质通过路由器实现互联；支持总线形、环形、树型等拓扑结构。

数据链路层采用改进的带预测的 CSMA/CD 算法，以减少冲突的出现，提高传输效率；

支持优先级。

网络层的网络地址采用域（255 个子网）、子网（127 个节点）、节点三层结构支持大网；每个神经元芯片有唯一的 48 位 ID 地址。

传输层、会话层的 4 类报文服务为：确认、请求/响应、重复/非确认重复、非确认；支持网络认证。

表示层采用网络变量作表示层数据，简化分布式应用的编程。

应用层用 Neuron C 语言在神经元芯片中编程。

LonWorks 控制系统的特点如下：

（1）系统具有无中心控制的真正分布式控制节点模式，使控制节点尽量靠近被控设备。

（2）具有开放式系统结构，具有良好的互操作性。

（3）系统组态灵活，可重新构造或修改配置，增加或减少控制节点时不必改变网络的物理结构。

（4）控制节点间可通过多种通信媒体连接，组网简单，成本大大降低。

（5）系统整体可靠性高，控制节点故障只影响与其相连的设备，不会造成系统或子系统瘫痪。

（6）网络通信协议已固化在控制节点内部，节点编程简单，应用开发周期大大缩短。系统总体成本降低，升级改造费用低。

5. CAN 总线（Controller Area Network）

CAN 是德国 Bosch 公司在 20 世纪初为解决现代汽车中众多的控制与测试仪器之间的数据交换而开发的一种串行数据通信协议。1993 年 11 月，国际标准化组织 ISO 正式颁布了关于 CAN 总线的 ISO11898 标准，目前 CAN 得到了摩托罗拉、英特尔、飞利浦、西门子和 NEC 等公司的支持，已广泛应用在离散控制领域。

CAN 总线的通信介质可以是双绞线、同轴电缆和光纤，通信距离最远可达 10 km（5 Kb/s），最高速率可达 1 Mb/s（40 m）。它用数据块编码方式代替传统的站地址编码方式，用一个 11 位或 29 位二进制数组成的标识码来定义 211 或 1 129 个不同的数据块，让各节点通过滤波的方法分别接收指定标识码的数据。由于网络上任意一个节点均可以主动向其他节点发送数据，因此 CAN 总线是一种多主总线，可以方便地构成多机备份系统。网络上的节点可以定义成不同的优先级，利用接口电路，巧妙地实现无破坏性的基于优先权的仲裁。数据帧中的数据字段长度最多为 8 B，在每帧中都有 CRC 校验及其他检错措施。网络上的节点在错误严重的情况下，具有自动关闭总线的功能。

CAN 总线也是建立在 ISO 参考模型的基础上的，不过只采用了其中最关键的两层，即物理层和数据链路层。物理层的主要内容是规定通信介质的机械、电气、功能和规程特性。数据链路层的主要功能是将要发送的数据进行包装，即加上差错校验位、数据链路协议的控制信息和头尾标记等附加信息组成数据帧，从物理信道上发送出去，在接收到数据帧后，再把附加信息去掉，得到通信数据。

6. ModBus 协议

ModBus 协议是一种工业通信和分布式控制系统协议，由美国 Modicon 公司出品。ModBus 是一种主从网络，允许一个主机和一个或多个从机通信，以完成编程、数据传送、程序上载/下载及其主机操作。

ModBus 通信主要采用 RS232、RS485 等其他通信媒介，它为用户提供了一种开放、灵活和标准的通信技术，降低了开发和维护成本。

ModBus 协议定义了一个控制器能认识使用的消息结构，不管采用何种网络进行通信，该消息结构均可以被系统采用和识别。利用此通信协议，既可以询问网络上的其他设备，也能答复其他设备的询问，还可以检测并报告出错信息

ModBus 协议由主设备先建立消息格式，格式包括设备地址、功能代码、数据地址和出错校验。从设备必须用 ModBus 协议建立答复消息，其格式包含确认的功能代码、返回数据和出错校验。如果接收到的数据出错，或者从设备不能执行所要求的命令，从设备将返回出错信息。

ModBus 协议有两种有效的传送模式，即美国标准信息交换码（ASCII）和远程终端装置（RTU）。

7. PROFIBUS 现场总线（Process Fieldbus）

PROFIBUS 是德国在 20 世纪 90 年代制定的国家工业现场总线协议标准，其应用领域包括加工制造、过程和建筑自动化，如今已成为国际化的开放式现场总线标准，即 EN50170 欧洲标准。

PROFIBUS 是一种不依赖于厂家的开放式现场总线标准，采用 PROFIBUS 标准后，不同厂商所生产的设备不需对其接口进行特别调整就可实现通信功能。PROFIBUS 现场总线为多主从结构，可方便地构成集中式、集散式和分布式控制系统。

针对不同的应用场合，PROFIBUS 分为 3 个系列（图 1-1）：

（1）PROFIBUS-DP（Decentralized Periphery）：用于传感器和执行器级的高速数据传输，传输速率可达 12 Mb/s，一般构成单主站系统，主站和从站之间采用循环数据传送方式工作。PROFIBUS-DP 定义了第一、二层和用户接口，用户接口规定了设备可调用的应用功能，并详细说明设备行为。

（2）PROFIBUS-FMS：定义了第一、二、七层，应用层包括现场总线信息规范（Fieldbus Message Specification，FMS）和底层接口（Lower Layer Interface，LLI）。

①FMS：向用户提供了可选用的通信服务；

②LLI：协调通信关系，提供第二层访问接口。

（3）PROFIBUS-PA：PROFIBUS-PA 的数据传输采用扩展的 PROFIBUS-DP 协议，根据 IEC1158-2 标准，支持本征安全性和总线供电。

PROFIBUS 的物理层提供 3 种类型的传输技术：

①DP 和 FMS 的 RS485 传输：采用屏蔽双绞铜线，传输速率为 9.6 Kb/s～12 Mb/s，每分段有 32 个站（不带中继），可多达 127 个站（带中继）；

②PA 的 IEC1158-2 传输：支持本征安全性和总线供电，传送数据以 31.25 Kb/s 的速率调制供电电压，采用耦合器将 IEC1158-2 与 RS-485 连接；

③光纤 FO：在电磁干扰很大的环境下应用，采用专用总线插头转换 RS-485 信号和光纤导体信号。

（4）PROFIBUS 的数据链路层：

①DP、FMS、PA 的数据链路层相同；

②采用主从结构，主站之间采用令牌传送方式，主站与从站之间采用主从传送方式。

PROFIBUS 协议规范参考模型如图 1-2 所示。

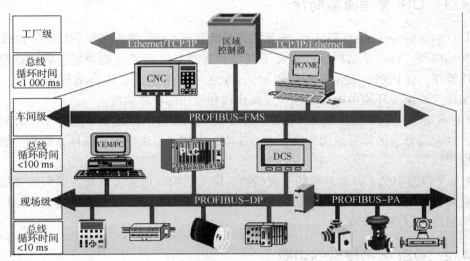

图 1-1　**PROFIBUS** 的 3 个系列的不同应用

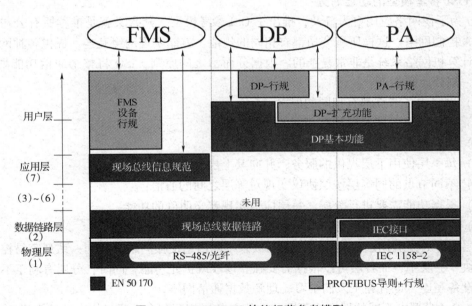

图 1-2　**PROFIBUS** 协议规范参考模型

1.4　OSI 与 TCP/IP 的参考模型

　　工业控制网络是在计算机网络的基础之上发展起来的应用于工业领域的网络，因此许多技术和通信原理和计算机网络相同。下面简单介绍计算机网络主要应用的 OSI 参考模型。

1.4.1　OSI 参考模型简介

OSI（Open System Interconnect）即开放式系统互连。OSI 参考模型是 ISO 在 1985 年研究的网络互连模型。该体系结构标准定义了网络互连的 7 层框架（物理层、数据链路层、网络层、传输层、会话层、表示层和应用层）。在这一框架下进一步详细规定了每一层的功能，以实现开放系统环境中的互连性、互操作性和应用的可移植性。

OSI 标准定制过程中所采用的方法是将整个庞大而复杂的问题划分为若干个容易处理的小问题，这就是分层的体系结构方法。在 OSI 中，采用了三级抽象，即体系结构、服务定义和协议规定说明。

OSI 参考模型定义了开放系统的层次结构、层次之间的相互关系及各层所包含的可能的服务。它是将系统作为一个框架来协调和组织各层协议的制定，也是对网络内部结构最精练的概括与描述进行整体修改。

1.4.2　OSI 参考模型的功能

1. OSI 参考模型的功能划分

ISO 为了使网络应用更为普及，推出了 OSI 参考模型。其含义就是推荐所有公司使用这个规范来控制网络。这样所有公司都有相同的规范，就能实现网络互连。提供各种网络服务功能的计算机网络系统是非常复杂的。根据分而治之的原则，ISO 将整个通信功能划分为 7 个层次，划分原则如下：

（1）网络中各节点都有相同的层次；

（2）不同节点的同等层具有相同的功能；

（3）同一节点内相邻层之间通过接口通信；

（4）每一层使用下层提供的服务，并向其上层提供服务；

（5）不同节点的同等层按照协议实现对等层之间的通信；

（6）根据功能需要进行分层，每层应当实现定义明确的功能；

（7）向应用程序提供服务。

分层的好处是利用层次结构可以把开放系统的信息交换问题分解到一系列容易控制的软硬件模块——层中，而各层可以根据需要独立修改或扩充功能，同时，分层有利于不同制造厂家的设备互连，也有利于人们学习、理解数据通信网络。

OSI 参考模型中不同的层完成不同的功能，各层相互配合，通过标准的接口进行通信。

第 7 层应用层（Application Layer）：OSI 参考模型中的最高层。为特定类型的网络应用提供了访问 OSI 环境的手段。应用层确定进程之间通信的性质，以满足用户的需要。应用层不仅要提供应用进程所需要的信息交换和远程操作，还要作为应用进程的用户代理，完成一些进行信息交换所必需的功能，包括文件传送访问和管理（FTAM）、虚拟终端（VT）、事务处理（TP）、远程数据库访问（RDA）、制造报文规范（MMS）、目录服务（DS）等协议。应用层能与应用程序界面沟通，以达向用户展示的目的。在此常见的协议有 HTTP、HTTPS、FTP、TELNET、SSH、SMTP 和 POP3 等。

第 6 层表示层（Presentation Layer）：主要用于处理两个通信系统中交换信息的表示方

式，为上层用户解决用户信息的语法问题。它包括数据格式交换、数据加密与解密、数据压缩与终端类型的转换。

第5层会话层（Session Layer）：在两个节点之间建立端连接；为端系统的应用程序提供对话控制机制。此服务包括确定建立连接时以全双工还是以半双工的方式进行设置，尽管可以在第4层中处理双工方式。会话层管理登入和注销过程。它具体管理两个用户和进程之间的对话。如果在某一时刻只允许一个用户执行一项特定的操作，会话层协议就会管理这些操作，如阻止两个用户同时更新数据库中的同一组数据。

第4层传输层（Transport Layer）：常规数据传输是面向连接或无连接的。传输层为会话层用户提供一个端到端的可靠、透明和优化的数据传输服务机制，包括全双工或半双工、流控制和错误恢复服务。传输层把消息分成若干个分组，并在接收端对它们进行重组。不同的分组可以通过不同的连接传送到主机。这样既能获得较高的带宽，又不影响会话层。在建立连接时传输层可以请求服务质量，该服务质量指定可接受的误码率、延迟量和安全性等参数，还可以实现基于端到端的流量控制功能。

第3层网络层（Network Layer）：网络层通过寻址来建立两个节点之间的连接，为源端的传输层送来的分组选择合适的路由和交换节点，正确无误地按照地址传送给目的端的传输层。它包括通过互连网络来路由和中继数据；除了选择路由之外，网络层还负责建立和维护连接，控制网络上的拥塞以及在必要的时候生成计费信息。

第2层数据链路层（Data Link Layer）：在此层将数据分帧，并处理流控制。屏蔽物理层，为网络层提供一个数据链路的连接，在一条有可能出现差错的物理连接上进行几乎无差错的数据传输（差错控制）。数据链路层指定拓扑结构并提供硬件寻址。常用设备有网桥和交换机。

第1层物理层（Physical Layer）：处于OSI参考模型的最底层。物理层的主要功能是利用物理传输介质为数据链路层提供物理连接，以便透明地传送比特流。常用设备有（各种物理设备）网卡、集线器、中继器、调制解调器、网线、双绞线和同轴电缆。

发送数据时，从第7层传到第1层，接收数据时则相反。

上3层总称应用层，用来控制软件。下4层总称数据流层，用来管理硬件。除了物理层之外，其他层都是用软件实现的。数据在发至数据流层的时候将被拆分。在传输层的数据叫作段，在网络层的数据叫作包，在数据链路层的数据叫作帧，在物理层的数据叫作比特流，这样的叫法称为协议数据单元（PDU）。

2. 数据封装与解封装的过程

OSI参考模型中每个层次接收到上层传递过来的数据后都要将本层次的控制信息加入数据单元的头部，一些层次还要将校验和等信息附加到数据单元的尾部，这个过程叫作封装。

每层封装后的数据单元的叫法不同，在应用层、表示层和会话层的协议数据单元统称为数据（data），在传输层的协议数据单元称为数据段（segment），在网络层的协议数据单元称为数据包（packet），在数据链路层的协议数据单元称为数据帧（frame），在物理层的协议数据单元称为比特流（bits）。

当数据到达接收端时，每一层读取相应的控制信息，根据控制信息中的内容向上层传递数据单元，在向上层传递之前去掉本层的控制头部信息和尾部信息（如果有的话），此过程叫作解封装。这个过程逐层执行，直至将对端应用层产生的数据发送给本端相应的应用进程。当用户输入要浏览的网站信息后，就由应用层产生相关的数据，通过表示层转换成为计算机可识别的 ASCII 码，再由会话层产生相应的主机进程传给传输层。传输层将以上信息作为数据，并加上相应的端口号信息以便目的主机辨别此报文，得知具体应由本机的哪个任务来处理。在网络层加上 IP 地址，使报文能确认应到达具体哪个主机，再在数据链路层加上 MAC 地址，转成比特流信息，从而在网络上传输。报文在网络上被各主机接收，通过检查报文的目的 MAC 地址判断是否是自己需要处理的报文，如果发现 MAC 地址与自己的地址不一致，则丢弃该报文；地址一致就去掉 MAC 信息，送给网络层判断其 IP 地址，然后根据报文的目的端口号确定是由本机的哪个进程来处理，这就是报文的解封装过程。

1.4.3　OSI 参考模型各层功能

1．物理层

物理层是 OSI 参考模型的最底层，它利用传输介质为数据链路层提供物理连接。它主要关心的是通过物理链路从一个节点向另一个节点传送比特流，物理链路可能是铜线、卫星、微波或其他通信媒介。它关心的问题：多少伏电压代表 1？多少伏电压代表 0？时钟速率是多少？采用全双工还是半双工传输？总的来说物理层关心的是链路的机械、电气、功能和规程特性。

2．数据链路层

数据链路层是为网络层提供服务的，解决两个相邻节点之间的通信问题，传送的协议数据单元称为数据帧。

数据帧中包含物理地址（又称 MAC 地址）、控制码、数据及校验码等信息。该层的主要作用是通过校验、确认和反馈重发等手段，将不可靠的物理链路转换成对网络层来说无差错的数据链路。

此外，数据链路层还要协调收、发双方的数据传输速率，即进行流量控制，以防止接收方因来不及处理发送方来的高速数据而导致缓冲器溢出及线路阻塞。

3．网络层

网络层是为传输层提供服务的，传送的协议数据单元称为数据包或分组。该层的主要作用是解决如何使数据包通过各节点传送的问题，即通过路径选择算法（路由）将数据包送到目的地。另外，为了避免通信子网中出现过多的数据包造成网络阻塞，需要对流入的数据包数量进行控制（拥塞控制）。当数据包要跨越多个通信子网才能到达目的地时，还要解决网际互连的问题。

4．传输层

传输层的作用是为上层协议提供端到端的可靠和透明的数据传输服务，包括处理差错控制和流量控制等问题。该层向高层屏蔽了下层数据通信的细节，使高层用户只看到在两个传输实体间的一条主机到主机的、可由用户控制和设定的、可靠的数据通路。

传输层传送的协议数据单元称为段或报文。

5．会话层

会话层的主要功能是管理和协调不同主机上各种进程之间的通信（对话），即负责建立、管理和终止应用程序之间的会话。会话层得名的原因是它类似于两个实体间的会话概念。例如，一个交互的用户会话以登录到计算机开始，以注销结束。

6. 表示层

表示层处理流经节点的数据编码的表示方式问题，以保证一个系统应用层发出的信息可被另一个系统的应用层读出。如果有必要，该层可提供一种标准表示形式，用于将计算机内部的多种数据表示格式转换成网络通信中采用的标准表示形式。数据压缩和加密也是表示层可提供的转换功能之一。

7. 应用层

应用层是 OSI 参考模型的最高层，是用户与网络的接口。该层通过应用程序来完成网络用户的应用需求，如传输文件，收、发电子邮件等。

1.4.4　TCP/IP 参考模型

TCP/IP 参考模型是计算机网络的祖父 ARPANET 和其后继的 Internet 使用的参考模型。ARPANET 是由美国国防部（U. S. Department of Defense，DoD）赞助的研究网络。它逐渐通过租用的电话线连接了数百所大学和政府部门。当无线网络和卫星出现以后，现有的协议在和它们相连的时候出现了问题，所以需要一种新的参考体系结构。这个体系结构在它的两个主要协议出现以后，被称为 TCP/IP 参考模型。

TCP/IP 是一组真正用于实现网络互连的通信协议。Internet 网络体系结构以 TCP/IP 为核心。TCP/IP 参考模型分成 4 个层次，它们分别是网络访问层、网际互连层、传输层（主机到主机）和应用层。

1.4.5　OSI 参考模型和 TCP/IP 参考模型的比较

1. 两种模型的共同点

（1）OSI 参考模型和 TCP/IP 参考模型都采用了层次结构的概念。

（2）OSI 参考模型和 TCP/IP 参考模型都能够提供面向连接和无连接两种通信服务机制。

2. 两种模型的不同点

（1）OSI 参考模型采用 7 层结构，而 TCP/IP 参考模型采用 4 层结构。

（2）TCP/IP 参考模型的网络访问层实际上并没有真正的定义，只是一些概念性的描述。而 OSI 参考模型不仅分了两层，而且每一层的功能都很详尽，甚至在数据链路层又分出一个介质访问子层来专门解决局域网的共享介质问题。

（3）OSI 参考模型是在协议开发前设计的，具有通用性。TCP/IP 参考模型是先有协议集然后建立模型，不适用于非 TCP/IP 网络。

（4）OSI 参考模型的传输层与 TCP/IP 参考模型的传输层的功能基本相似，都是负责为用户提供真正的端对端的通信服务，也对高层屏蔽了底层网络的实现细节。所不同的是 TCP/IP 参考模型的传输层是建立在网络互连层的基础之上的，而网络互连层只提供无连接的网络服务，所以面向连接的功能完全在 TCP 协议中实现，当然 TCP/IP 参考模型的传输层还提供无连接的服务，如 UDP；相反 OSI 参考模型的传输层是建立在网络层的基础之上的，网络层既提供面向连接的服务，又提供无连接的服务，但传输层只提供面向连接的服务。

（5）OSI 参考模型的抽象能力强，适合描述各种网络；而 TCP/IP 参考模型是先有了协议，才制定模型的。

（6）OSI 参考模型的概念划分清晰，但过于复杂；而 TCP/IP 参考模型在服务、接口和协议的区别上不清楚，功能描述和实现细节混在一起。

（7）TCP/IP 参考模型的网络访问层并不是真正的一层；OSI 参考模型的缺点是层次过多，划分意义不大，且增加了复杂性。

（8）OSI 参考模型虽然被看好，但它没把握好时机，技术不成熟，导致实现困难；相反，TCP/IP 参考模型虽然有许多不尽如人意的地方，但还是比较成功的。

本章小结

本章主要介绍了工业控制系统的发展历史、工业以太网、现场总线、OSI 和 TCP/IP 参考模型。

（1）工业控制系统大致经历了模拟仪表控制系统、直接数字控制系统、集散控制系统和现场总线控制系统 4 个阶段。

（2）工业以太网是现今发展潜力最大、发展最快的工业网络之一。以太网在计算机网络中的成熟应用为它在工业领域的拓展奠定了基础。

（3）现场总线是近年来迅速发展起来的一种工业数据总线，它主要解决工业现场的智能化仪器仪表、控制器和执行机构等现场设备间的数字通信以及这些现场控制设备和高级控制系统之间的信息传递问题。

（4）OSI 和 TCP/IP 参考模型是计算机网络中应用的网络参考模型，它同样适用于工业控制网络。TCP/IP 是事实上的通信标准。它将网络的体系结构划分为应用层、传输层、网际互连层和网络访问层 4 层，每一层为上一层提供服务，同层之间提供相同的服务。

思考与练习

1-1 工业控制系统的发展大致经历了哪些阶段？各阶段的主要特点是什么？

1-2 工业以太网的优势有哪些？

1-3 现场总线控制系统主要有哪些组成部分？各部分的主要功能有哪些？

1-4 常见的现场总线有哪些？简述其各自的应用场合。

1-5 PROFIBUS 现场总线分为哪 3 种类型？其各自的应用场合是什么？

1-6 TCP/IP 和 OSI 参考模型相比，其优点是什么？

第 2 章

数据通信基础

2.1 数据通信系统的组成

2.1.1 数据通信系统的基本组成

数据通信系统一般由源系统、传输系统和目的系统组成，如图 2 −1 所示。源系统主要包括信源和发送器。信源产生要传输的数据。通常信源生成的数据要通过发送器编码后才能够在传输系统中进行传输。

目的系统主要包括接收器和信宿。接收器用来接收传输系统传送过来的信号，并将其转换为能够被目的设备处理的信息。信宿从接收器获取传送来的信息。传输系统可以是简单的物理通信线路，也可以是连接源系统和目的系统之间的复杂的网络设备。

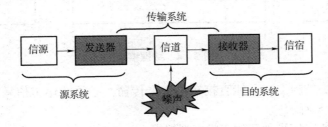

图 2 −1 数据通信系统

2.1.2 数据通信系统中的基本概念

（1）数据（data）：传递（携带）信息的实体。

19

（2）信息（information）：数据的内容或解释。

（3）信号（signal）：数据的物理量编码（通常为电编码），数据以信号的形式在介质中传播。

（4）模拟信号：时间上连续，包含无穷多个信号值，如图2-2所示。

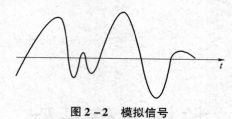

图2-2　模拟信号

（5）数字信号：时间上离散，仅包含有限数目的信号值，如图2-3所示。最常见的是二值信号，即二进制信号。

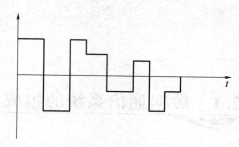

图2-3　数字信号

（6）信息编码：将信息用二进制数表示的方法，如 ASCII 编码、BCD 编码等。

（7）数据编码：将信息用物理量表示的方法。如字符"A"的 ASCII 编码为 01000001，其数据编码可能如图2-4所示。

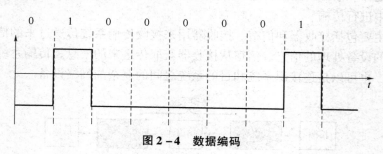

图2-4　数据编码

信息和数据（二进制位）不能直接在信道上传输，必须转化为信号才能传输出去。数据编码过程如图2-5所示。

（8）编码：用数字信号承载数字或模拟数据；

（9）调制：用模拟信号承载数字或模拟数据。

编码的作用是把数据变成适合传输的数字信号——便于同步、识别、纠错；调制的作用是把数字信号变成适合传输的形式——按频率、幅度、相位；解调的作用是把接收波形变成数字信号；解码的作用是把数字信号还原为原始数据。

20

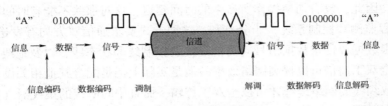

图 2 - 5　数据编码过程

（10）数字通信：在数字信道上实现模拟信息或数字信息的传输。

（11）模拟通信：在模拟信道上实现模拟信息或数字信息的传输。

数字通信的优点：抗噪声（干扰）能力强；可以控制差错，提高了传输质量；便于用计算机进行处理；易于加密，保密性强；可以传输语音、数据、影像；通用、灵活。

2.2　数据传输技术

2.2.1　单工、半双工与全双工通信方式

根据通信双方信息的交互方式，通信方式可分为单工、半双工及全双工 3 种。

1. 单工通信

单工通信（Simplex Communication）是指消息只能单方向传输的通信方式。

在单工通信中，通信的信道是单向的，发送端与接收端也是固定的，即发送端只能发送信息，不能接收信息；接收端只能接收信息，不能发送信息。基于这种情况，数据信号从一端传送到另一端，信号流是单方向的。例如，生活中的广播站就采用单工通信的工作方式。广播站是发送端，听众是接收端。广播站向听众发送信息，听众接收获取信息。广播站不能作为接收端获取听众的信息，听众也无法作为发送端向广播站发送信息。

2. 半双工通信

半双工通信（Half - duplex Communication）可以实现双向的通信，但不能在两个方向上同时进行，必须轮流交替地进行。

在这种通信方式下，发送端可以转变为接收端；相应地，接收端也可以转变为发送端。但是在同一个时刻，信息只能在一个方向上传输。因此，也可以将半双工通信理解为一种切换方向的单工通信。

例如，对讲机是日常生活中最为常见的一种采用半双工通信方式的设备，手持对讲机的双方可以互相通信，但在同一个时刻，只能由一方讲话。

3. 全双工通信

全双工通信（Full - duplex Communication）是指在通信的任意时刻，线路上存在 A 到 B 和 B 到 A 的双向信号传输。全双工通信允许数据同时在两个方向上传输，又称为双向同时通信，即通信的双方可以同时发送和接收数据。在全双工通信方式下，通信系统的每一端都设置了发送器和接收器，因此，能控制数据同时在两个方向上传送。全双工通信方式无须进

行方向的切换，因此，没有切换操作所产生的时间延迟，这对那些不能有时间延误的交互式应用（例如远程监测和控制系统）十分有利。这种方式要求通信双方均有发送器和接收器，同时，需要2根数据线传送数据信号（可能还需要控制线和状态线，以及地线）。

理论上，全双工通信可以提高网络效率，但是实际上仍是配合其他相关设备才有用。例如，必须选用双绞线的网络缆线才可以全双工传输，而且中间所接的集线器（Hub）也要能全双工传输，所采用的网络操作系统也得支持全双工通信，如此才能真正发挥全双工通信的作用。

2.2.2　数据传输方式

计算机网络中传输的信息都是数字数据，计算机之间的通信就是数据传输。数据传输方式按每次传送的数据位数，可分为并行通信和串行通信。

1. 并行通信

并行通信是一次同时传送8位二进制数据，从发送端到接收端需要8根数据线。并行通信主要用于近距离通信，如计算机内部的数据通信通常以并行通信方式进行。这种数据传输方式的优点是传输速度快、处理简单。

2. 串行通信

串行通信一次只传送1位二进制数据，从发送端到接收端只需要一根数据线。串行通信虽然传输率低，但适合远距离传输，在网络中（如公用电话系统）普遍采用串行通信方式。串行通信是指计算机主机与外设之间以及主机系统与主机系统之间数据的串行传送。串行通信使用一条数据线，将数据一位一位地依次传输，每一位数据占据一个固定的时间长度。其只需要少数几条数据线就可以在系统间交换信息，特别适用于计算机与计算机、计算机与外设之间的远距离通信。

2.2.3　数据通信系统的性能指标

数据通信系统的性能指标主要包括时延、带宽、误码率和误比特率。

（1）时延：一个数据块（帧、分组、报文段等）从链路或网络的一端传送到另一端所需要的时间。

（2）带宽（Band Width，BW）：信道传输能力的度量，单位为 Hz。

$$BW \approx f_{max} - f_{min}$$

在计算机网络中，用每秒允许传输的二进制位数作为带宽的计量单位，主要单位有 bit/s、Kb/s、Mb/s 和 Gb/s。例如，传统以太网理论上每秒可以传输 1 000 万 bit，它的带宽为10 Mb/s。

（3）误码率是指传输的码元被传错的概率，用符号 Pc 表示。

$$Pc = 传错的码元数/传输的码元总数$$

（4）误比特率是指传输的比特被传错的概率，用符号 Pb 表示。

$$Pb = 传错的比特数/传输的比特总数$$

数据通信系统的噪声是不可避免的。数据传输过程中的噪声叠加效果如图 2-6 所示。

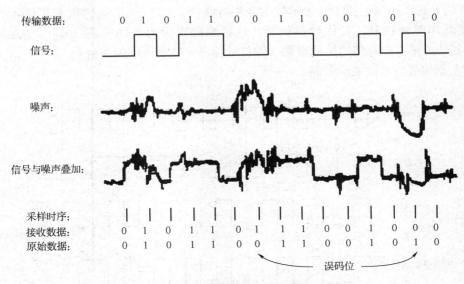

图 2-6　数据传输过程中的噪声叠加效果

2.2.4　数据编码技术

数据编码技术是计算机处理的关键。不同的信息记录应当采用不同的编码，一个码点可以代表一条信息记录。由于计算机要处理的数据信息十分庞杂，有些数据所代表的含义又使人难以记忆。为了便于使用和记忆，常常要对加工处理的对象进行编码，用一个编码符号代表一条信息或一串数据。

二进制数字信息在传输过程中可以采用不同的代码，各种代码的抗噪声特性和定时能力各不相同，实现费用也不一样，常用的几种编码方案主要有单极性码、双极性码、归零码、双相码、不归零码、曼彻斯特码、差分曼彻斯特码、多电平编码和 4B/5B 编码。

2.2.5　常见数据编码方法

常见的数据编码方法有：归零码、不归零码、曼彻斯特码和差分曼彻斯特码。

（1）归零码（Return-to-Zero，RZ）：码元中间信号回归到零电平，比如从正电平到零电平的转换表示码元"0"，而从负电平到零电平表示码元"1"。

（2）不归零码（Non-Return to Zero，NRZ）：二进制数字 0、1 分别用两种电平来表示；常用 -5 V 表示 1，用 +5 V 表示 0；不使用 0 电平。这种编码方法的主要缺点：①存在直流分量，传输中不能有变压器或电容；②不具备自同步机制，传输时必须使用外同步。

（3）曼彻斯特码（Manchester）：高电平到低电平的转换边表示"0"，低电平到高电平的转换边表示"1"，位中间的电平转换边既表示数据代码，也作定时信号使用。曼彻斯特码用在以太网中。

（4）差分曼彻斯特码（Differential Manchester）：也叫作相位编码（Phase Encoding，PE），常用于局域网传输。在差分曼彻斯特码中，每一位的中间必须有跳变，即从 0 到 1 的变化或者从 1 到 0 的变化，"0" 表示位的开头有跳变，"1" 表示位的开头没有跳变，位中间的跳变既作时钟信号，又作数据信号。这种编码也称为自同步码（Self-Synchronizing Code），其缺点是需要双倍的传输带宽（即信号速率是数据速率的 2 倍）。

3 种数据编码方法的波形如图 2-7 所示。

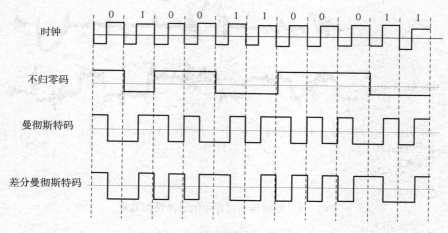

图 2-7　3 种数据编码方法的波形

2.2.6　数据的传输形式

数据包括数字数据和模拟数据，通信信道有数字信道和模拟信道。不同数据在不同信道中的传输可以分为图 2-8 所示的 4 种情况。

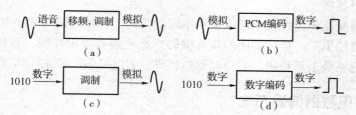

图 2-8　数据的 4 种传输形式

（a）模拟数据，模拟信号；（b）模拟数据，数字信号；
（c）数字数据，模拟信号；（d）数字数据，数字信号

用数字信号承载数字或模拟数据称作编码；用模拟信号承载数字或模拟数据称作调制。

1. 数字数据的模拟传输

3 种常用的调制技术有幅移键控（Amplitude Shift Keying，ASK）、频移键控（Frequency Shift Keying，FSK）和相移键控（Phase Shift Keying，PSK）。

3 种调制技术的原理：用数字信号对载波的不同参量进行调制。载波信号表达式如下：

$$S(t) = A\cos(\omega t + \varphi)$$

$S(t)$ 的参量包括：幅度 A、频率 ω、初相位 φ。

调制就是要使 A、ω 或 φ 随数字基带信号的变化而变化。

ASK：用载波的两个不同振幅表示 0 和 1；

FSK：用载波的两个不同频率表示 0 和 1；

PSK：用载波的起始相位的变化表示 0 和 1。

ASK、FSK、PSK 的调制原理如图 2 – 9 所示。

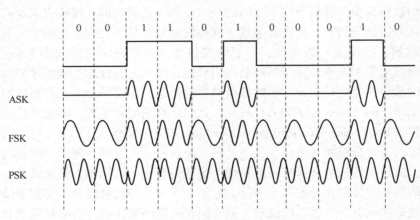

图 2 – 9　ASK、FSK、PSK 的调制原理

2. 模拟数据的数字信号编码

模拟信号要在数字通信系统中传输，就必须对模拟信号进行数字化处理。典型的应用就是语音信号（模拟信号）在计算机网络中的传输。模拟信号的数字化过程一般就是 A/D 转换过程，即采样、量化和编码。脉冲编码调制（Pulse Code Modulation，PCM）是一种对模拟信号数字化的取样技术，是将模拟信号变换为数字信号的编码方式，特别是对于音频信号，如图 2 – 10 所示。PCM 对信号每秒钟取样 8 000 次，每次取样 8 个位，总共 64 Kb。PCM 也要经过 3 个过程：采样、量化和编码。采样过程将连续时间模拟信号变为离散时间、连续幅度的抽样信号，量化过程将抽样信号变为离散时间、离散幅度的数字信号，编码过程将量化后的信号编码成为一个二进制码组输出。所谓量化，就是把经过抽样得到的瞬时值的幅度离散化，即用一组规定的电平，把瞬时抽样值用最接近的电平表示，再用一组二进制码组表示每一个有固定电平的量化值。

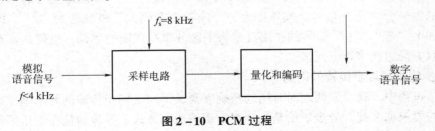

图 2 – 10　PCM 过程

3. 数字数据的数字信号编码

数字数据的数字信号编码就是前面讲过的常用的归零码、不归零码、曼彻斯特码和差分曼彻斯特码。

25

2.2.7　数据同步方式

1. 同步传输

同步传输（Synchronous Transmission）是以同步的时钟节拍来发送数据信号的。因此，在一个串行的数据流中，各信号码元之间的相对位置都是固定的，接收方为了从收到的数据流中正确地区分出信号码元，首先必须建立准确的时钟信号。在同步传输中，数据的发送一般以组（或称帧，或称包）为单位，一组数据包含多个字符的代码或多个独立的比特位，在组的开头和结束需加上预先规定的起始序列和终止序列作为标志。起始序列和终止序列的形式随采用的传输控制规程而异。面向位流的通信规程，即位同步方式有高级数据链路控制（High Level Data Link Control，HDLC）规程；面向字符的通信规程，即按字符同步方式有二进制同步通信（Binary Synchronous Communication，BSC）规程。

同步传输的比特分组要大得多。它不是独立地发送每个字符，每个字符都有自己的开始位和停止位，而是把它们组合起来一起发送。这些组合称为数据帧，简称帧。

数据帧的第一部分包含一组同步字符，它是一个独特的比特组合，类似于前面提到的起始位，用于通知接收方一个帧已经到达，但它同时还能确保接收方的采样速度和比特的到达速度保持一致，使收、发双方进入同步。帧的最后一部分是一个帧结束标记。与同步字符一样，它也是一个独特的比特串，类似于前面提到的停止位，用于表示在下一帧开始之前没有别的即将到达的数据。

2. 异步传输

异步传输（Asynchronous Transmission）是数据传输的一种方式。数据一般是一位接一位串行传输的，例如在传送一串字符信息时，每个字符代码由 7 位二进制位组成。但在一串二进制位中，每个 7 位又从哪一个二进制位开始算起呢？异步传输时，在传送每个数据字符之前，先发送一个叫作开始位的二进制位。当接收端收到这一信号时，就知道相继送来 7 位二进制位是一个字符数据。在这以后，接着再给出 1 位或 2 位二进制位，称作结束位。接收端收到结束位后，表示一个数据字符传送结束。这样，在异步传输时，每个字符是分别同步的，即字符中的每个二进制位是同步的，但字符与字符之间的间隙长度是不固定的。异步传输一般以字符为单位，不论所采用的字符代码长度为多少位，在发送每一个字符代码时，前面均加上一个"起"信号，其长度规定为 1 个码元，极性为"0"，即空号的极性；字符代码后面均加上一个"止"信号，其长度为 1 个或者 2 个码元，极性皆为"1"，即与信号极性相同，加上"起""止"信号的作用就是为了区分串行传输的字符，也就是实现了串行传输收、发双方码组或字符的同步。

3. 同步传输和异步传输的区别

在通信过程中，收、发两端对时间的精确度要求不同。同步传输的要求高，异步传输没有同传输的要求那么高。异步通信是一种很常用的通信方式。异步通信在发送字符时，所发送的字符之间的时间间隔可以是任意的。当然，接收端必须时刻做好接收的准备（如果接收端主机的电源都没有加上，那么发送端发送字符就没有意义，因为接收端根本无法接收）。发送端可以在任意时刻发送字符，因此必须在每一个字符的开始和结束的地方加上标志，即加上开始位和停止位，以便使接收端能够正确地将每一个字符接收下来。异步通信的好处是通信设备简单、便宜，但传输效率较低（因为开始位和停止位的开销所占比例较大）。异步通信也可以以帧作为发送的单位。接收端必须随时做好接收帧的准备。这时，帧的首部必须设有一些特殊的比特组合，以使接收端能够找出一帧的开始，这称为帧定界。

帧定界还包含确定帧的结束位置。这有两种方法：一种是在帧的尾部设有某种特殊的比特组合来标志帧的结束，另一种是在帧首部设有帧长度的字段。需要注意的是，在异步发送帧时，并不是说发送端对帧中的每一个字符都必须加上开始位和停止位后再发送出去，而是说，发送端可以在任意时间发送一个帧，而帧与帧之间的时间间隔也可以是任意的。在一帧中的所有比特是连续发送的。发送端不需要在发送一帧之前和接收端进行协调（不需要先进行比特同步）。同步通信的双方必须先建立同步，即双方的时钟要调整到同一个频率。收发双方不停地发送和接收连续的同步比特流。这时还有两种不同的同步方式：一种是使用全网同步，用一个非常精确的主时钟对全网所有节点上的时钟进行同步；另一种是使用准同步，各节点的时钟之间允许有微小的误差，然后采用其他措施实现同步传输。

同步传输通常比异步传输快得多。接收方不必对每个字符进行开始和停止的操作。一旦检测到帧同步字符，它就在接下来的数据到达时接收它们。另外，同步传输的开销也比较少。例如，一个典型的帧可能有 500 字节（即 4 000 bit）的数据，其中可能只包含 100 bit 的开销。这时，增加的比特位使传输的比特总数增加 2.5%，这与异步传输中 25 % 的增值要小得多。随着数据帧中实际数据比特位的增加，开销比特所占的百分比将相应地减少。但是，数据的比特位越长，缓存数据所需要的缓冲区也越大，这就限制了一个帧的大小。另外，帧越大，它占据传输媒体的连续时间也越长。在极端的情况下，这将导致其他用户等得太久。

2.3　传输差错及其检测方法

在通信过程中，发现、检测差错并进行纠正，称为差错控制。为何要进行差错控制？因为不存在理想的信道，所以传输总会出错。与语音、图像传输不同，计算机通信要求极低的差错率。产生差错的原因：信号衰减和热噪声；信道的电气特性所引起的信号幅度、频率、相位的畸变；信号反射、串扰；冲击噪声，闪电，大功率电动机的启、停等。

2.3.1　奇偶校验码

差错检测最常用的方法是奇偶校验（Parity Checking）。

奇偶校验可以在两个级别上实现：在原始数据字节的最高位（或最低位）增加一个奇偶校验位，使结果中 1 的个数为奇数（奇校验）或偶数（偶校验）。例如：1100010 增加偶校验位后为 11100010。若接收方收到的字节奇偶校验结果不正确，就可以知道传输中发生了错误。奇偶校验也可以在通信过程中实现：在发送时增加奇偶校验位。奇偶校验只能用于面向字符的通信协议。奇偶校验只能检测出奇数个位错，偶数个位错则不能检出。

差错控制是在数字通信中利用编码方法对传输中产生的差错进行控制，以提高传输的正确性和有效性的技术。差错控制包括差错检测、前向纠错（FEC）和自动请求重发（ARQ）。

根据差错性质的不同，差错控制分为对随机误码的差错控制和对突发误码的差错控制。随机误码指信道误码较均匀地分布在不同的时间间隔上；突发误码指信道误码集中在一个很短的时间段内。有时把几种差错控制方法混合使用，并且要求对随机误码和突发误码均有一定差错控制能力。

2.3.2　校验和

检验和（Checksum 是在数据处理和数据通信领域中，用于校验目的的一组数据项的和。它通常是以十六进制为数制表示的形式。如果校验和的数值超过十六进制的 FF，也就是255，就要求其补码作为校验和。校验和通常用来在通信中，尤其是远距离通信中保证数据的完整性和准确性。这些数据项可以是数字或在计算检验的过程中看作数字的其他字符串。校验和是指传输位数的累加，当传输结束时，接收者可以根据这个数值判断是否接到了所有的数据。如果数值匹配，那么说明传送已经完成。TCP 和 UDP 传输层都提供了一个校验和与验证总数是否匹配的服务功能。

2.3.3　循环冗余校验码

循环冗余检查（Cyclical Redundancy Check，CRC）是一种数据传输检错功能，对数据进行多项式计算，并将得到的结果附在帧的后面，接收设备也执行类似的算法，以保证数据传输的正确性和完整性。循环冗余检查，就是在每个数据块（称为帧）中加入一个中文检查序列（Frame Check Sequence，FCS）。FCS 包含了帧的详细信息，专门用于发送/接收装置比较帧的正确与否。如果数据有误，则再次发送。

2.4　工业控制网络的节点

由大量独立的、相互连接起来的计算机、工作站、服务器、终端设备和网络设备等组成的系统称为计算机网络系统，其中每一个拥有自己唯一网络地址的设备都是网络节点。网络节点可以是工作站、网络用户或个人计算机，还可以是服务器、打印机和其他与网络连接的设备。每一个工作站、服务器、终端设备和网络设备，即拥有自己唯一网络地址的设备都是网络节点。应用在工业网络中的节点主要包括以下几种。

2.4.1　可编程控制器

可编程控制器（Programmable Logic Controller，PLC）是一种数字运算操作的电子系统，专门在工业环境下应用。它采用可以编制程序的存储器，用来进行逻辑运算和执行顺序控制、定时、计数和算术运算等操作的指令，并通过数字或模拟的输入（I）和输出（O）接口控制各种类型的机械设备或生产过程。PLC 是在电器控制技术和计算机技术的基础上开发出来的，并逐渐发展成为以微处理器为核心，把自动化技术、计算机技术、通信技术融为一体的新型工业控制装置。目前，PLC已被广泛应用于各种生产机械和生产过程的自动控制中，成为一种最重要、最普及和应用场合最多的工业控制装置，被公认为现代工业自动化的三大支柱之一。

PLC常用的I/O模块如下：

开关量模块：按电压水平分，有220VAC、110VAC、24VDC；按隔离方式分，有继电器隔离和晶体管隔离。

模拟量模块：按信号类型分，有电流型（4～20 mA、0～20 mA），电压型（0～10 V、0～5 V、-10～10 V）等；按精度分，有12 bit、14 bit、16 bit等。

除了上述通用I/O模块外，还有特殊I/O模块，如热电阻、热电偶、脉冲等模块。

2.4.2　传感器与变送器

传感器（transducer/sensor）是一种检测装置，能感受到被测量的信息，并能将感受到的信息，按一定规律变换成为电信号或其他所需形式的信号输出，以满足信息的传输、处理、存储、显示、记录和控制等要求。

传感器的特点包括：微型化、数字化、智能化、多功能化、系统化和网络化。它是实现自动检测和自动控制的首要环节。传感器的存在和发展，让物体有了触觉、味觉和嗅觉等感官，让物体慢慢变得活了起来。通常根据传感器的基本感知功能将其分为热敏元件、光敏元件、气敏元件、力敏元件、磁敏元件、湿敏元件、声敏元件、放射线敏感元件、色敏元件和味敏元件等十大类。

变送器是将感受到的物理量、化学量等信息按一定规律转换成便于测量和传输的标准化信号的装置，是单元组合仪表的组成部分。也可以说变送器是一种输出为标准化信号的传感器。变送器是基于负反馈原理工作的，它主要由测量部分、放大器和反馈部分组成。测量部分用于检测被测变量，并将其转换成能被放大器接受的输入信号（电压、电流、位移、作用力或力矩等信号）。反馈部分则把变送器的输出信号转换成反馈信号，再回送至输入端。

2.4.3　执行器与驱动器

执行器是自动控制系统中必不可少的一个重要组成部分。它的作用是接收控制器送来的控制信号，改变被控介质的流量，从而将被控变量维持在所要求的数值上或一定的范围内。执行器按其能源形式可分为气动、液动和电动三大类。气动执行器用压缩空气作为能源，其特点是结构简单、动作可靠、平稳、输出推力较大、维修方便、防火防爆、价格较低，因此广泛地应用于化工、造纸、炼油等生产过程中，它可以方便地与被动仪表配套使用。即使是使用电动仪表或计算机控制，只要经过电-气转换器或电-气阀门定位器将电信号转换为20～100 kPa的标准气压信号，仍然可用气动执行器。电动执行器的能源取用方便，信号传递迅速，但结构复杂，防爆性能差。在化工、炼油等生产过程中基本上不使用液动执行器，它的特点是输出推力很大。

驱动器（driver）指的是驱动某类设备的驱动硬件。在计算机领域，驱动器指的是磁盘驱动器。它通过某个文件系统格式化并带有一个驱动器号的存储区域。存储区域可以是软盘、CD、硬盘或其他类型的磁盘。单击"Windows 资源管理器"或"我的电脑"中相应的图标可以查看磁盘驱动器的内容。

2.4.4　人机界面

人机界面（Human Machine Interaction，HMI），又称用户界面或使用者界面，是人与计算机之间传递、交换信息的媒介和对话接口，是计算机系统的重要组成部分，是系统和用户之间进行交互和信息交换的媒介，它实现信息的内部形式与人类可以接受形式之间的转换。凡参与人机信息交流的领域都存在人机界面。

2.4.5　网络互连设备

网络互连时，必须解决如下问题：在物理上如何把两种网络连接起来；一种网络如何与另一种网络实现互访与通信，如何解决它们之间协议方面的差别；如何处理速率与带宽的差别。解决这些问题，协调、转换机制的部件就是网络互连设备，它主要包括中继器、网桥、路由器、接入设备和网关等。

1. 中继器

中继器是局域网互连的最简单设备，它工作在 OSI 体系结构的物理层，它接收并识别网络信号，然后再生成信号并将其发送到网络的其他分支上。要保证中继器能够正确工作，首先要保证每一个分支中的数据包和逻辑链路协议是相同的。例如，对于 802.3 以太局域网和 802.5 令牌环局域网之间，中继器是无法使它们通信的。但是，中继器可以用来连接不同的物理介质，并在各种物理介质中传输数据包。某些多端口的中继器很像多端口的集线器，它可以连接不同类型的介质。

中继器是扩展网络的最廉价的方法。当扩展网络的目的是突破距离和节点的限制，并且连接的网络分支都不会产生太多的数据流量，成本又不能太高时，就可以考虑选择中继器。采用中继器连接网络分支的数目受具体的网络体系结构的限制。

中继器没有隔离和过滤功能，它不能阻挡含有异常的数据包从一个分支传到另一个分支。这意味着，一个分支出现故障可能影响到其他的每一个网络分支。

2. 集线器

集线器（Hub）是有多个端口的中继器。集线器是一种以星形拓扑结构将通信线路集中在一起的设备，相当于总线，工作在 OSI 体系结构中的物理层，是局域网中应用最广的连接设备，按配置形式分为独立型集线器、模块化集线器和堆叠式集线器 3 种。

智能型集线器改进了一般集线器的缺点，增加了桥接能力，可滤掉不属于自己网段的帧，增大网段的频宽，且具有网管能力和自动检测端口所连接的 PC 网卡速度的能力。

市场上常见有 10 Mb/s、100 Mb/s 等速率的集线器。

随着计算机技术的发展，集线器又分为切换式集线器、共享式集线器和堆叠共享式集线器 3 种。

1）切换式集线器

一个切换式集线器重新生成每一个信号并在发送前过滤每一个包，而且只将其发送到目的地址。切换式集线器可以使 10 Mb/s 和 100 Mb/s 的站点用于同一网段中。

2）共享式集线器

共享式集线器使所有连接点的站点间共享一个最大频宽。例如，一个连接着几个工作站或服务器的 100 Mb/s 共享式集线器所提供的最大频宽为 100 Mb/s，与它连接的站点共享这个频宽。共享式集线器不过滤或重新生成信号，所有与之相连的站点必须以同一速度工作（10 Mb/s 或 100 Mb/s），所以共享式集线器比切换式集线器价格便宜。

3）堆叠共享式集线器

堆叠共享式集线器是共享式集线器中的一种，当它们级连在一起时，可看作网络中的一个大集线器。

3. 网桥

网桥（Bridge）是一个局域网与另一个局域网之间建立连接的桥梁。网桥是属于 OSI 体系结构中数据链路层的一种设备，它的作用是扩展网络和通信手段，在各种传输介质中转发数据信号，扩展网络的距离，同时又有选择地将有地址的信号从一个传输介质发送到另一个传输介质，并能有效地限制两个介质系统中无关紧要的通信。网桥可分为本地网桥和远程网桥。本地网桥是指在传输介质允许长度范围内互连网络的网桥；远程网桥是指连接的距离超过网络的常规范围时使用的网桥，通过远程网桥互连的局域网将成为城域网或广域网。如果使用远程网桥，则远程网桥必须成对出现。在网络的本地连接中，网桥可以使用内桥和外桥。内桥是文件服务的一部分，通过文件服务器中的不同网卡连接起来的局域网，由文件服务器上运行的网络操作系统来管理。外桥安装在工作站上，实现两个相似或不同的网络之间的连接。外桥不运行在网络文件服务器上，而是运行在一台独立的工作站上，外桥可以是专用的，也可以是非专用的。作为专用网桥的工作站不能当作普通工作站使用，只能建立两个网络之间的桥接。而非专用网桥的工作站既可以作为网桥，也可以作为工作站。

4. 路由器

路由器（Router）工作在 OSI 体系结构中的网络层，这意味着它可以在多个网络上交换和路由数据包。路由器通过在相对独立的网络中交换具体协议的信息来实现这个目标。比起网桥，路由器不但能过滤和分隔网络信息流、连接网络分支，还能访问数据包中的更多信息，并且可提高数据包的传输效率。

路由表包含网络地址、连接信息、路径信息和发送代价等。

路由器比网桥慢，主要用于广域网或广域网与局域网的互连。

路由器用于连接多个逻辑上分开的网络。逻辑网络是指一个单独的网络或一个子网。当数据从一个子网传输到另一个子网时，可通过路由器来完成。因此，路由器具有判断网络地址和选择路径的功能，它能在多网络互连环境中建立灵活的连接，可用完全不同的数据分组和介质访问方法连接各种子网。路由器是属于 OSI 体系结构中网络应用层的一种互连设备，只接收源站或其他路由器的信息，它不关心各子网使用的硬件设备，但要求运行与网络层协议一致的软件。路由器分为本地路由器和远程路由器。本地路由器用来连接网络传输介质，如光纤、同轴电缆和双绞线；远程路由器用来与远程传输介质连接并要求相应的设备，如电话线传输要配调制解调器、无线传输要配无线接收机和发射机。

5. 网关

在一个计算机网络中，当连接不同类型而协议差别又较大的网络时，要选用网关设备。网关的功能体现在 OSI 体系结构的最高层，它将协议进行转换，将数据重新分组，以便在两个不同类型的网络系统之间进行通信。由于协议转换是一件复杂的事，一般来说，网关只进行一对一转换，或是少数几种特定应用协议的转换，网关很难实现通用的协议转换。用于网关转换的应用协议有电子邮件、文件传输和远程工作站登录等。网关和多协议路由器（或特殊用途的通信服务器）组合在一起可以连接多种不同的系统。

和网桥一样，网关可以是本地的，也可以是远程的。网关已成为网络上每个用户都能访问大型主机的通用工具。网关把信息重新包装的目的是适应目标环境的要求。网关能互连异类的网络。网关从一个环境中读取数据，剥去数据的老协议，然后用目标网络的协议进行重新包装。网关的一个较为常见的用途是在局域网的微机和小型机或大型机之间作翻译。

2.5　常用传输介质

网络中连接各个通信处理设备的物理媒体称为传输介质。其性能特点对传输速率、成本、抗干扰能力、通信距离、可连接的网络节点数目和数据传输的可靠性等均有重大影响。在通信过程中，必须根据不同的通信要求，合理地选择传输介质。

传输介质分为有线介质和无线介质。有线介质包括双绞线、同轴电缆和光纤，无线介质包括无线短波、地面微波、卫星和红外线等。下面介绍几种常用的传输介质。

2.5.1　双绞线

双绞线（Twisted Pair，TP）是综合布线工程中最常用的传输介质，由两根具有绝缘保护层的铜导线组成。把两根绝缘的铜导线按一定密度互相绞在一起，每一根导线在传输中辐射出来的电波会被另一根导线上发出的电波抵消，有效降低信号干扰的程度。

双绞线一般由两根 22～26 号绝缘铜导线相互缠绕而成，"双绞线"的名字也由此而来。实际使用时，双绞线是由多对双绞线一起包在一个绝缘电缆套管里的。把一对或多对双绞线放在一个绝缘套管中便成了双绞线电缆。与其他传输介质相比，双绞线在传输距离、信道宽度和数据传输速度等方面均受到一定限制，但价格较为低廉。

根据有无屏蔽层，双绞线分为屏蔽双绞线（Shielded Twisted Pair，STP）与非屏蔽双绞线（Unshielded Twisted Pair，UTP）。

屏蔽双绞线在双绞线与外层绝缘封套之间有一个金属屏蔽层。屏蔽双绞线分为 STP 和FTP（Foil Twisted – Pair），STP 指每条线都有各自的屏蔽层，而 FTP 只在整个电缆有屏蔽装置，并且两端都正确接地时才起作用，所以要求整个系统是屏蔽器件，包括电缆、信息点、水晶头和配线架等，同时建筑物需要有良好的接地系统。屏蔽层可减少辐射，防止信息被窃听，也可阻止外部电磁干扰进入，这使屏蔽双绞线比同类的非屏蔽双绞线具有更高的传输速率。

非屏蔽双绞线是一种数据传输线，由 4 对不同颜色的传输线所组成，广泛用于以太网和电话线中。非屏蔽双绞线电缆具有以下优点：（1）无屏蔽外套，直径小，节省所占用的空间，成本低；（2）重量小，易弯曲，易安装；（3）将串扰减至最小或加以消除；（4）具有阻燃性；（5）具有独立性和灵活性，适用于结构化综合布线。因此，在综合布线系统中，非屏蔽双绞线得到了广泛应用。

常见的双绞线有三类线、五类线、超五类线以及六类线。

（1）一类线（CAT1）：线缆最高频率带宽是 750 kHz，用于报警系统，只适用于语音传输（一类标准主要用于 20 世纪 80 年代初之前的电话线缆），不用于数据传输。

（2）二类线（CAT2）：线缆最高频率带宽是 1 MHz，用于语音传输和最高传输速率为 4 Mb/s 的数据传输，常见于使用 4 Mb/s 规范令牌传递协议的旧的令牌网。

（3）三类线（CAT3）：指在 ANSI 和 EIA/TIA568 标准中指定的电缆，该电缆的传输频率为 16 MHz，最高传输速率为 10 Mb/s，主要应用于语音、10 Mb/s 以太网（10BASE－T）和 4 Mb/s 令牌环，最大网段长度为 100 m，采用 RJ 形式的连接器，已淡出市场。

（4）四类线（CAT4）：该类电缆的传输频率为 20 MHz，用于语音传输和最高传输速率为 16 Mb/s（指的是 16 Mb/s 令牌环）的数据传输，主要用于基于令牌的局域网和 10BASE－T/100BASE－T 网络，最大网段长度为 100 m，采用 RJ 形式的连接器，未被广泛采用。

（5）五类线（CAT5）：该类电缆增加了绕线密度，外套一种高质量的绝缘材料，线缆最高频率带宽为 100 MHz，最高传输率为 100 Mb/s，用于语音传输和最高传输速率为 100 Mb/s 的数据传输，主要用于 100BASE－T 和 1000BASE－T 网络，最大网段长度为 100 m，采用 RJ 形式的连接器。这是最常用的以太网电缆。在双绞线电缆内，不同线对具有不同的绞距长度。通常，4 对双绞线绞距周期在 38.1 mm 长度内，按逆时针方向扭绞，一对双绞线绞距周期在 12.7 mm 长度内。

（6）超五类线（CAT5e）：超五类线具有衰减小、串扰少的优点，并且具有更高的衰减串扰比（ACR）和信噪比（SNR）以及更小的时延误差，性能得到很大提高。超五类线主要用于千兆位以太网（1 000 Mb/s）。

（7）六类线（CAT6）：该类电缆的传输频率为 1 M～250 MHz，六类线系统在 200 MHz 时综合衰减串扰比（PS－ACR）应该有较大的余量，它提供 2 倍于超五类线的带宽。六类线的传输性能远远高于超五类线的标准，最适用于传输速率高于 1 Gb/s 的应用。六类线与超五类线的一个重要的不同点在于六类线改善了在串扰以及回波损耗方面的性能，对于新一代全双工的高速网络应用而言，优良的回波损耗性能是极重要的。六类标准中取消了基本链路模型，布线标准采用星形拓扑结构，要求的布线距离：永久链路的长度不能超过 90 m，信道长度不能超过 100 m。

（8）超六类线（CAT6e）：此类产品传输带宽介于六类线和七类线之间，传输频率为 500 MHz，传输速度为 10 Gb/s，标准外径为 6 mm。此类产品和七类线一样，国家还没有出台正式的检测标准，只是行业中有此类产品，各厂家宣布一个测试值。

9）七类线（CAT7）：传输频率为 600 MHz，传输速度为 10 Gb/s，单线标准外径为 8 mm，多芯线标准外径为 6 mm。

类型数字越大、版本越新，技术越先进，带宽也越宽，当然价格也越高。这些不同类型的双绞线标注方法是这样规定的：如果是标准类型则按 CATx 方式标注，如常用的五类线和六类线，则在线的外皮上标注 "CAT 5" "CAT 6"；如果是改进版，就按 CATxe 方式标注，如超五类线就标注为 CAT5e（字母是小写，而不是大写）。

无论是哪一种线，衰减都随频率的升高而增大。在设计布线时，要考虑受到衰减的信号，还应当有足够大的振幅，以便在有噪声干扰的条件下能够在接收端正确地被检测出来。双绞线能够传送多高速率（Mb/s）的数据还与数字信号的编码方法有很大的关系。

在双绞线标准中应用最广的是 ANSI/EIA/TIA – 568A 和 ANSI/EIA/TIA – 568B（实际上应为 ANSI/EIA/TIA – 568B.1，简称 T568B）。这两个标准最主要的不同就是芯线序列的不同。

EIA/TIA 568A 的线序定义依次为绿白、绿、橙白、蓝、蓝白、橙、棕白、棕，其标号见表 2 – 1。

表 2 – 1　EIA/TIA 568A 的线序定义

绿白	绿	橙白	蓝	蓝白	橙	棕白	棕
1	2	3	4	5	6	7	8

EIA/TIA 568B 的线序定义依次为橙白、橙、绿白、蓝、蓝白、绿、棕白、棕，其标号见表 2 – 2。

表 2 – 2　EIA/TIA 568B 的线序定义

橙白	橙	绿白	蓝	蓝白	绿	棕白	棕
1	2	3	4	5	6	7	8

根据 568A 和 568B 标准，各触点在网络连接中，对传输信号来说所起的作用分别是：1、2 用于发送；3、6 用于接收；4、5、7、8 是双向线；对与其相连的双绞线来说，为降低相互干扰，标准要求 1 和 2 必须是绞缠的一对线，3 和 6 也必须是绞缠的一对线，4 和 5 相互绞缠，7 和 8 相互绞缠。由此可见，实际上 568A 标准和 568B 标准没有本质的区别，只是连接 RJ – 45 时 8 根双绞线的线序排列不同，在实际的网络工程施工中较多采用 568B 标准。

双绞线的连接器最常见的是 RJ – 11 和 RJ – 45。RJ – 11 用于连接 3 对双绞线缆，RJ – 45 用于连接 4 对双绞线缆。RJ – 45 接头俗称"水晶头"，双绞线的两端必须都安装水晶头，以便插在以太网卡、集线器或交换机（Switch）的 RJ – 45 接口上。

水晶头分为几种档次。镀铜的接触探针容易生锈，造成接触不良，网络不通。塑扣位扣不紧（通常是变形所致）也很容易造成接触不良，网络中断。水晶头虽小，但在网络中却很重要，许多网络故障就是水晶头质量不好造成的。

双绞线网线的制作方法非常简单，即把双绞线的 4 对 8 芯导线按一定规则插入水晶头中。插入的规则采用 EIA/TIA568 标准，在线缆的一端将 8 根导线与水晶头根据连线顺序进行连接，连线顺序是指线缆在水晶头中的排列顺序。EIA/TIA568 标准提供了两种顺序：568A 和 568B。根据制作网线过程中两端的线序不同，以太网使用的 UTP 线缆分为直通 UTP 和交叉 UTP。

直通 UTP 即线缆两端的线序标准是一样的，两端都是 T568B 或 T568A 标准。而交叉 UTP 两端的线序标准不一样，一端为 T568A 标准，另一端为 T568B 标准。在实际的网络环境中，一根双绞线的两端分别连接不同设备时，必须根据标准确定两端的线序，否则将无法连通。

使用双绞线作为传输介质的优越性在于其技术和标准非常成熟，价格低廉，安装也相对简单。其缺点是双绞线对电磁干扰比较敏感，并且容易被窃听。双绞线目前主要在室内环境中使用。

2.5.2 同轴电缆

同轴电缆（Coaxial Cable）是指有两个同心导体，而导体和屏蔽层又共用同一轴心的电缆。最常见的同轴电缆由绝缘材料隔离的铜线导体组成，在里层绝缘材料的外部是另一层环形导体及其绝缘体，然后整个电缆由聚氯乙烯或特氟纶材料的护套包住。同轴电缆从用途上分可分为基带同轴电缆和宽带同轴电缆（即网络同轴电缆和视频同轴电缆）。基带电缆又分细同轴电缆和粗同轴电缆。基带电缆仅用于数字传输，数据率可达 10 Mb/s。

同轴电缆由里到外分为 4 层：中心铜线（单股的实心线或多股绞合线）、塑料绝缘体、网状导电层和电线外皮。中心铜线和网状导电层形成电流回路。同轴电缆因为中心铜线和网状导电层为同轴关系而得名。

同轴电缆传导交流电而非直流电，也就是说每秒钟会有好几次的电流方向逆转。

如果使用一般电线传输高频率电流，这种电线就会相当于一根向外发射无线电的天线，这种效应损耗了信号的功率，使接收到的信号强度减小。

同轴电缆根据其直径大小可以分为粗同轴电缆与细同轴电缆。粗同轴电缆适用于比较大型的局部网络，它的标准距离长，可靠性高，由于安装时不需要切断电缆，因此可以根据需要灵活调整计算机的入网位置，但粗同轴电缆网络必须安装收发器电缆，安装难度大，所以总体造价高。相反，细同轴电缆安装则比较简单，造价低，但由于在安装过程中要切断电缆，两头须装上基本网络连接头（BNC），然后接在 T 形连接器两端，所以当接头多时容易产生不良的隐患，这是目前运行中的以太网所发生的最常见故障之一。

粗同轴电缆和细同轴电缆均为总线型拓扑结构，即一根电缆上接多部机器，这种拓扑结构适用于机器密集的环境，但是当一个触点发生故障时，故障会串联影响到整根电缆上的所有机器，故障的诊断和修复都很麻烦，因此，同轴电缆将逐步被非屏蔽双绞线或光缆取代。

细同轴电缆的直径为 0.26 cm，最大传输距离为 185 m，使用时与 50 Ω 终端电阻、T 形连接器、BNC 接头与网卡相连，线材价格和连接头的成本都比较低，而且不需要购置集线器等设备，十分适合架设终端设备较为集中的小型以太网络。缆线总长不要超过 185 m，否则信号将严重衰减。细同轴电缆的阻抗是 50 Ω。粗同轴电缆（RG-11）的直径为 1.27 cm，最大传输距离达到 500 m。由于粗同轴电缆的直径相当大，因此它的弹性较差，不适合在室内狭窄的环境内架设，而且 RG-11 连接头的制作方式也相对复杂得多，并不能直接与计算机连接，它需要通过一个转接器转成 AUI 接头，然后再接到计算机上。由于粗同轴电缆的强度较大，最大传输距离也比细同轴电缆长，因此粗同轴电缆的主要用途是扮演网络主干的角色，用来连接数个由细同轴电缆所结成的网络。粗同轴电缆的阻抗是 75 Ω。

同轴电缆的优点是可以在相对长的无中继器的线路上支持高带宽通信，而其缺点也是显而易见的：一是体积大，要占用电缆管道的大量空间；二是不能承受缠结、压力和严重的弯曲，这些都会损坏电缆结构，阻止信号的传输；三是成本高。所有这些缺点双绞线都能克服，因此在现在的局域网环境中，同轴电缆基本已被双绞线所取代。

同轴电缆以硬铜线为芯，外包一层绝缘材料。这层绝缘材料用密织的网状导体环绕，网外又覆盖一层保护性材料。有两种广泛使用的同轴电缆：一种是 50 Ω 电缆，用于数字传输，由于多用于基带传输，也叫基带同轴电缆；另一种是 75 Ω 电缆，用于模拟传输，即宽带同轴电缆。这种区别是由历史原因造成的，而不是由于技术原因或生产厂家造成的。

同轴电缆的这种结构，使它具有高带宽和极好的噪声抑制特性。同轴电缆的带宽取决于电缆长度。1 km 的电缆可以达到 1 ~ 2 Gb/s 的数据传输速率。还可以使用更长的同轴电缆，但是为了避免传输速率降低要使用中间放大器。目前，同轴电缆大量被光纤取代，但仍广泛应用于有线和无线电视和某些局域网。

2.5.3 光纤

光纤是光导纤维的简称，是一种由玻璃或塑料制成的纤维，可作为光传导工具。光纤的传输原理是光的全反射原理。前香港中文大学校长高锟和 George A. Hockham 首先提出光纤可以用于通信传输的设想，高锟因此获得 2009 年诺贝尔物理学奖。

微细的光纤封装在塑料护套中，这使它能够弯曲而不至于断裂。通常，光纤一端的发射装置使用发光二极管（Light Emitting Diode，LED）或用一束激光将光脉冲传送至光纤，光纤另一端的接收装置使用光敏元件检测脉冲。

在日常生活中，由于光在光纤中的传导损耗比电在电线中传导的损耗低得多，因此光纤被用作长距离的信息传递介质。

通常光纤与光缆会被混淆。多数光纤在使用前必须由几层保护结构包覆，包覆后的缆线即称为光缆。光纤外层的保护层和绝缘层可防止周围环境对光纤的伤害，如水、火、电击等。光缆分为缆皮、芳纶丝、缓冲层和光纤。光纤和同轴电缆相似，只是没有网状屏蔽层。光纤的中心是光传播的玻璃芯。

多模光纤芯的直径有 50 μm 和 62.5 μm 两种，大致与人的头发的粗细相当。而单模光纤芯的直径为 8 ~ 10 μm，常用的是 9 μm（外径为 125 μm）。芯外面包围着一层折射率比芯低的玻璃封套，俗称包层，包层使光线保持在芯内。再外面的是一层薄的塑料外套，即涂覆层，用来保护包层。光纤通常被扎成束，外面有外壳保护。纤芯通常是由石英玻璃制成的横截面积很小的双层同心圆柱体，它质地脆，易断裂，因此需要外加一个保护层。

光纤的种类很多，根据用途不同，所需要的功能和性能也有所差异。但对于有线电视和通信用的光纤，其设计和制造的原则基本相同。光纤的特点为：（1）损耗小；（2）有一定带宽且色散小；（3）接线容易；（4）易于成缆；（5）可靠性高；（6）制造比较简单；（7）价廉等。

单模光纤（Single Mode Fiber，SMF）是指在工作波长中，只能传输一个传播模式的光纤。目前，在有线电视和光通信中，单模光纤是应用最广泛的光纤。由于，单模光纤的纤芯很细，而且折射率呈阶跃状分布，当归一化频率小于 2.4 时，理论上只能形成单模传输。另外，单模光纤没有多模色散，不仅传输频带较多模光纤更宽，且单模光纤的材料色散和结构色散抵消，恰好形成零色散的特性，使传输频带更宽。单模光纤因掺杂物的不同与制造方式的差别有许多类型。凹陷型包层光纤（Depressed Clad Fiber），其包层形成两重结构，邻近纤芯的包层较外倒包层的折射率低。

在工作波长中，可传输多个传播模式的光纤称作多模光纤（Multi Mode Fiber，MMF）。多模光纤的传输模式可达几百个，与单模光纤相比其传输带宽主要受模式色散支配。多模光纤在历史上曾用于有线电视和通信系统的短距离传输。自从出现单模光纤后，多模光纤似乎成为历史产品，但实际上，由于多模光纤较单模光纤的芯径大且与 LED 等光源结合容易，在众多局域网中更有优势。所以，在短距离通信领域中多模光纤重新受到重视。多模光纤按折射率分布进行分类时，有渐变（GI）型和阶跃（SI）型两种。渐变型的多模光纤的折射率以纤芯中心为最高，沿包层徐徐降低。由于阶跃型多模光纤中各个光路径存在时差，致使射出的光波失真，色激较大，其结果是传输带宽变窄，因此目前阶跃型多模光纤应用较少。

2.5.4 无线介质

在计算机网络中，无线传输可以突破有线网络的限制，利用空间电磁波实现站点之间的通信，还可以为广大用户提供移动通信。最常用的无线传输介质有无线电波、微波和红外线。

无线传输就是在自由空间利用电磁波发送和接收信号进行通信的传输方式。地球上的大气层为大部分无线传输提供了物理通道，也就是常说的无线传输介质。无线传输所使用的频段很广，人们现在已经利用了好几个频段进行通信。紫外线和更频的波段目前还不能用于通信。

无线电波是指在自由空间（包括空气和真空）传播的射频频段的电磁波。无线电技术是通过无线电波传播声音或其他信号的技术。

无线电技术的原理：导体中电流强弱的改变会产生无线电波。利用这一现象，通过调制可将信息加载于无线电波之上。当无线电波通过空间传播到收信端，无线电波引起的电磁场变化又会在导体中产生电流。通过解调将信息从电流变化中提取出来，就达到了信息传输的目的。

微波是指频率为 300 M ~ 300 GHz 的电磁波，是无线电波中一个有限频带的简称，即波长在 1 m（不含 1 m）到 1 mm 之间的电磁波，是分米波、厘米波和毫米波的统称。微波的频率比一般的无线电波的频率高，通常也称为超高频电磁波。

红外线是太阳光线中众多不可见光线中的一种，由德国科学家霍胥尔于 1800 年发现，又称为红外热辐射。霍胥尔将太阳光用三棱镜分解开，在各种不同颜色的色带位置上放置了温度计，试图测量各种颜色的光的加热效应，结果发现位于红光外侧的那支温度计升温最快，因此他得到结论：太阳光谱中，红光的外侧必定存在看不见的光线，这就是红外线。太阳光谱上红外线的波长大于可见光线，为 0.75 ~ 1 000 μm。红外线可分为三部分，即近红外线，波长为 0.75 ~ 1.50 μm；中红外线，波长为 1.50 ~ 6.0 μm；远红外线，波长为 6.0 ~ 1 000 μm。

红外线通信有两个最突出的优点：

（1）不易被人发现和截获，保密性强；

（2）几乎不会受到电气、天电、人为干扰，抗干扰性强。

此外，红外线通信机体积小，重量小，结构简单，价格低廉，但是它必须在直视距离内通信，且传播受天气的影响。在不能架设有线线路，而使用无线电又怕暴露信息的情况下，使用红外线通信是比较好的。

2.6 网络拓扑结构

网络拓扑结构是指网络中各个站点相互连接的形式，在局域网中就是文件服务器、工作站和电缆等的连接形式。常见的网络拓扑结构有总线型拓扑、星形拓扑、环形拓扑、树形拓扑（由总线型拓扑演变而来）以及它们的混合型，如图 2-11 所示。

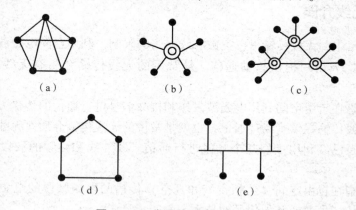

图 2-11 常见的网络拓扑结构
（a）网状拓扑；（b）星形拓扑；（c）混合型拓扑；（d）环形拓扑；（e）总线型拓扑

2.6.1 星形拓扑

星形拓扑由中央节点和通过点到点通信链路连接到中央节点的各个站点组成。中央节点执行集中式通信控制策略，因此相当复杂，而各个站点的通信处理负担很小。星形网络采用的交换方式有电路交换和报文交换，以电路交换更为普遍。这种结构一旦建立了通道连接，就可以无延迟地在连通的两个站点之间传送数据。目前流行的用户交换机（Private Branch Exchange，PBX）就是星形拓扑结构的典型实例，如图 2-12 所示。

1. 星形拓扑的优点

（1）结构简单，连接方便，管理和维护都相对容易，而且扩展性强。

（2）网络延迟较小，传输误差小。

（3）在同一网段内支持多种传输介质，除非中央节点故障，否则网络不会轻易瘫痪。

（4）每个节点直接连到中央节点，故障容易检测和隔离，可以很方便地排除有故障的节点。

因此，星形拓扑结构是目前应用最广泛的一种网络拓扑结构。

2. 星形拓扑的缺点

（1）安装和维护的费用较高。

（2）共享资源的能力较差。

（3）一条通信线路只被该线路上的中央节点和边缘节点使用，通信线路利用率不高。

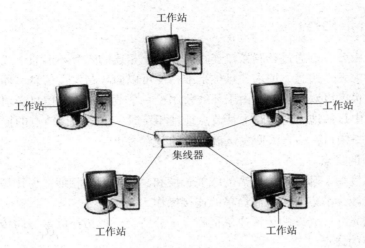

工作站

工作站

工作站

集线器

工作站

工作站

图 2 – 12 星形拓扑结构

（4）对中央节点要求相当高，一旦中央节点出现故障，则整个网络将瘫痪。

星形拓扑结构广泛应用于网络的智能集中于中央节点的场合。从目前的趋势看，计算机的发展已从集中的主机系统发展到大量功能很强的微型机和工作站，在这种形势下，传统的星形拓扑结构的使用会有所减少。

2.6.2 总线型拓扑

总线拓扑采用一个信道作为传输媒介，所有节点都通过相应的硬件接口直接连到这一公共传输媒介上，该公共传输媒介称为总线。任何一个节点发送的信号都沿着传输媒体传播，而且能被所有其他节点接收。

因为所有节点共享一条公用的传输信道，所以一次只能由一个设备传输信号。通常采用分布式控制策略确定哪个节点可以发送信号。发送信号时，发送节点将报文分成分组，然后依次发送这些分组，有时还要与其他节点的分组交替地在媒介上传输。当分组经过各节点时，其中的目的节点会识别到分组所携带的目的地址，然后复制这些分组的内容。

1. 总线型拓扑的优点

（1）总线型拓扑所需要的线缆数量少，线缆长度短，易于布线和维护。

（2）总线型拓扑结构简单，又是无源工作，有较高的可靠性和传输速率。

（3）易于扩充，增加或减少用户比较方便，组网容易，网络扩展方便。

（4）多个节点共用一条传输信道，信道利用率高。

2. 总线型拓扑的缺点

（1）传输距离有限，通信范围受到限制。

（2）故障诊断和隔离较困难。

（3）分布式协议不能保证信息的及时传送，不具有实时功能。节点必须是智能的，要有媒体访问控制功能，从而增加了节点的硬件和软件开销。

2.6.3　环形拓扑

在环形拓扑中各节点通过环路接口连在一条首尾相连的闭合环形通信线路中，环路上任何节点均可以请求发送信息。请求一旦被批准，便可以向环路发送信息。环形网络中的数据可以单向传输，也可以双向传输。由于环线公用，一个节点发出的信息必须穿越环路中所有的接口，信息流中目的地址与环路上某节点地址相符时，信息被该节点的接口所接收，而后信息继续流向下一接口，一直流回发送该信息的节点为止。

1. 环形拓扑的优点

（1）线缆长度短。环形网络所需的线缆长度和总线型网络相似，但比星形网络短得多。

（2）增加或减少节点时，仅需简单的连接操作。

（3）可使用光纤。光纤的传输速率很高，十分适合环形拓扑的单方向传输。

2. 环形拓扑的缺点

（1）环路上的数据传输要通过接在环路上的每一个节点，一旦环路中某一节点发生故障就会引起全网的故障。

（2）因为不是集中控制，故障检测需在网络中的各个节点进行，因此故障检测困难。

（3）环形拓扑结构的媒体访问控制协议都采用令牌传递的方式，在负载很小时，信道利用率相对来说比较低。

2.6.4　树形拓扑

树形拓扑可以认为是由多级星形拓扑组成的，只不过这种多级星形拓扑是自上而下呈三角形分布的，就像一棵树一样，最顶端的枝叶少些，中间的多些，而最下面的枝叶最多。树的最下端相当于网络中的边缘层，树的中间部分相当于网络中的汇聚层，而树的顶端则相当于网络中的核心层。它采用分级的集中控制方式，其传输介质可有多条分支，但不形成闭合回路，每条通信线路都必须支持双向传输。

1. 树形拓扑的优点

（1）易于扩展。这种结构可以延伸出很多分支和子分支，这些新节点和新分支都能容易地加入网络。

（2）故障隔离较容易。如果某一分支的节点或线路发生故障，很容易将故障分支与整个系统隔离开来。

2. 树形拓扑的缺点

各个节点对根的依赖性很大，如果根发生故障，则全网不能正常工作。从这一点来看，树形拓扑的可靠性类似于星形拓扑。

2.7　网络传输介质访问控制方式

介质访问控制方式，也就是信道访问控制方法，可以简单地把它理解为如何控制网络节点何时发送数据、如何传输数据以及怎样在介质上接收数据。常用的介质访问控制方式有时分复用（Time Division Multiplexing，TDM）、载波监听多路访问/冲突检测（Carrier Sense Multiple Access with Collision Detection，CSMA/CD）和令牌环（Token Ring）、轮询（Polling）。

2.7.1　时分复用

时分复用是采用同一物理连接的不同时段来传输不同的信号，也能达到多路传输的目的。时分复用以时间作为信号分割的参量，故必须使各路信号在时间轴上互不重叠。时分复用将提供给整个信道传输信息的时间划分成若干时间片（简称时隙），并将这些时隙分配给每一个信号源使用。

2.7.2　载波监听多路访问/冲突检测

在载波监听多路访问/冲突检测访问控制方式下，网络中的所有用户共享传输介质，信息通过广播传送到所有端口，网络中的工作站对接收到的信息进行确认，若是发给自己的便接收，否则不理。从发送端的情况看，当一个工作站有信息要发送时，它首先监听信道并检测网络上是否有其他工作站正在发送信息，如果检测到信道忙，工作站将继续等待；若发现信道空闲，则开始发送信息，信息发送出去后，发送端还要继续对发送出去的信息进行确认，以了解接收端是否已经正确接收到信息，如果收到则发送结束，否则再次发送。其核心思想是先听后发——信道空闲则发送，信道忙则等待；边听边发——发送信息时不断检测信道是否碰撞，碰撞即停。

2.7.3　令牌访问控制方式

令牌环是一种局域网协议，定义在 IEEE802.5 中，其中所有的工作站都连接到一个环上，每个工作站只能同直接相邻的工作站传输信息。通过围绕环的令牌信息授予工作站传输权限。

令牌环上传输的小的数据（帧）为令牌，谁有令牌谁就有传输权限。如果环上的某个工作站收到令牌并且有信息发送，它就改变令牌中的一位（该操作将令牌变成一个帧开始序列），添加想传输的信息，然后将整个信息发往环中的下一工作站。当这个信息帧在环上传输时，网络中没有令牌，这就意味着其他工作站想传输信息就必须等待。因此令牌环网络中不会发生传输冲突。

信息帧沿着环传输，直到它到达目的地，目的地创建一个副本以便进一步处理。信息帧继续沿着环传输，直到到达发送站时便可以被删除。发送站可以通过检验返回帧以查看信息帧是否被接收站收到并且复制。

2.7.4　轮询

轮询是 CPU 决策如何提供周边设备服务的方式，又称为程控输出/输入（Programmed I/O）。轮询是由 CPU 定时发出询问，依序询问每一个周边设备是否需要其服务，若需要即给予服务，服务结束后再问下一个周边设备，不断周而复始。

轮询实现容易，但效率偏低。

2.8　单项技能训练：网线（双绞线）的制作与测试

2.8.1　要求与准备

认识常用的双绞线，观察一般网线的外形与线对排列，准备网线、水晶头和网线钳。非屏蔽双绞线分为 6 种类型。实验使用的双绞线是五类线，其由 8 根线组成，颜色分别为橙白、橙、绿白、绿、蓝白、蓝、棕白和棕。

2.8.2　RJ-45 连接器和双绞线线序

水晶头由金属片和塑料制成，特别需要注意的是引脚序号，当金属片面对我们的时候，从左至右的引脚序号是 1~8，在网络连线时该序号非常重要，不能搞错。

工程中使用比较多的是 T568B 打线方法，线序见表 2-3 和表 2-4。

表 2-3　直通线线序

序号	1	2	3	4	5	6	7	8
A 端	橙白	橙	绿白	蓝	蓝白	绿	棕白	棕
B 端	橙白	橙	绿白	蓝	蓝白	绿	棕白	棕

表 2-4　交叉线线序

序号	1	2	3	4	5	6	7	8
A 端	橙白	橙	绿白	蓝	蓝白	绿	棕白	棕
B 端	绿白	绿	橙白	蓝	蓝白	橙	棕白	棕

2.8.3　网线制作步骤

（1）准备制作材料，如图 2-13 所示。

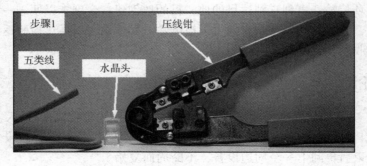

图 2-13　制作 RJ-45 双绞线的材料及工具

（2）准备剥线，如图 2－14 所示。

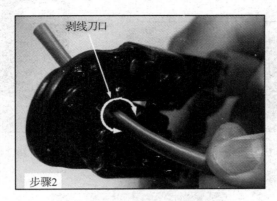

图 2－14　准备剥线

（3）剥线，如图 2－15～图 2－20 所示。

图 2－15　剥去外层保护层

图 2－16　剥去外层保护层的 4 股双绞线

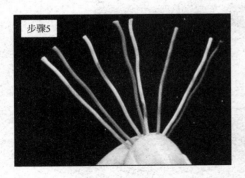

图 2－17　把线分开并按顺序排好

图 2－18　把线捋直

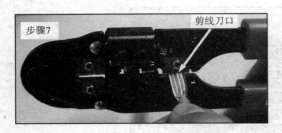

图 2-19 把线剪齐

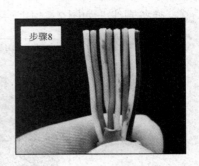

图 2-20 排列好并剪齐的线

（4）将双绞线插入水晶头，如图 2-21 所示。

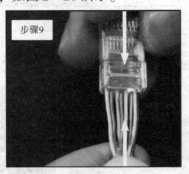

图 2-21 将双绞线插入水晶头

（5）将水晶头放入压头槽，如图 2-22 所示。

图 2-22 将水晶头放入压头槽

（6）将水晶头压紧，如图 2-23、图 2-34 所示。

图 2-23 将水晶头压紧（1）

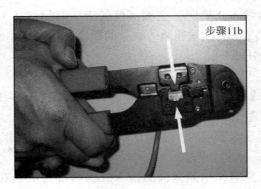

图 2 – 24　将水晶头压紧（2）

（7）做好的水晶头如图 2 – 25 所示。

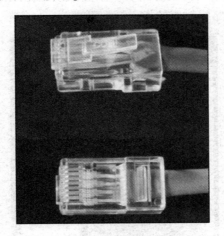

图 2 – 25　做好的水晶头

2.8.4　网线的测试方法

将制作好的网线和网线测试仪（图 2 – 26）准备好。通过网线测试仪测量网线是否接线正常。

1.　网线通断的基本测试

将网线两端的水晶头分别插入主测试仪和远程测试端的 RJ – 45 端口，将开关拨到"ON"挡（"S"为慢速挡），这时主测试仪和远程测试端的指示头应该逐个闪亮。

（1）直通连线的测试：测试直通连线时，主测试仪的指示灯应该从 1 到 8 逐个顺序闪亮，而远程测试端的指示灯也应该从 1 到 8 逐个顺序闪亮。如果出现这种现象，说明直通线的连通性没问题，否则就得重做。

（2）交错线连线的测试：测试交错连线时，主测试仪的指示灯也应该从 1 到 8 逐个顺序闪亮，而远程测试端的指示灯应该是按着 3，6，1，4，5，2，7，8 的顺序逐个闪亮。如果是这样，说明交错连线连通性没问题，否则就得重做。

（3）若网线两端的线序不正确时，主测试仪的指示灯仍然从 1 到 8 逐个闪亮，只是远程测试端的指示灯将按照与主测试端连通的线号的顺序逐个闪亮。也就是说，远程测试端不能按照（1）和（2）的顺序闪亮。

2. 导线断路测试

（1）当有 1～6 根导线断路时，主测试仪和远程测试端的对应线号的指示灯都不亮，其他指示灯仍然可以逐个闪亮。

（2）当有 7 根或 8 根导线断路时，主测试仪和远程测试端的指示灯全都不亮。

3. 导线短路测试

（1）当有两根导线短路时，主测试仪的指示灯仍然按照从 1 到 8 的顺序逐个闪亮，而远程测试端两根短路线所对应的指示灯将被同时点亮，其他指示灯仍按照正常的顺序逐个闪亮。

（2）当有 3 根或 3 根以上的导线短路时，主测试仪的指示灯仍然从 1 到 8 逐个顺序闪亮，而远程测试端的所有短路线对应的指示灯都不亮。

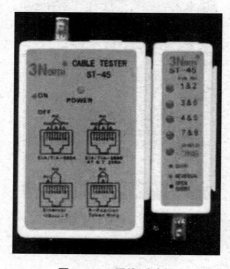

图 2－26　网线测试仪

本章小结

本章主要介绍的数据网络通信的基础知识，主要包括数据通信系统的组成、数据传输技术、数据编码技术和数据同步方式、差错检测与校验、计算机网络的拓扑结构和网络传输介质的访问控制方式。

思考与练习

2－1　什么是信号？什么是信息？什么是数据？

2－2　数据通信系统的主要性能指标是什么？

2－3　什么是同步传输？什么是异步传输？同步传输和异步传输的主要区别有哪些？

2－4 数据编码的方法有哪些？

2－5 什么是检错？什么是纠错？

2－6 常用的检错方法有哪些？

2－7 常见的网络互连设备有哪些？

2－8 简述常见的网络互连设备的主要功能。

2－9 常用的网线有几种类型？各自的应用场合是什么？

模块二　基于 WinCC flexible 的人机界面的组态与仿真

第 3 章
人机界面的选型及人机界面与 PC 的连接

3.1　SIMATIC 人机界面简介

3.1.1　人机界面的基本概念

人机界面，是人（操作人员）和机（机器、PLC）之间双向沟通的桥梁。很多工业被控对象要求控制系统具有很强的人机界面功能，以实现操作人员与计算机控制系统之间的对话和相互作用。西门子系列的人机界面和人机界面组态软件如图 3−1 所示。

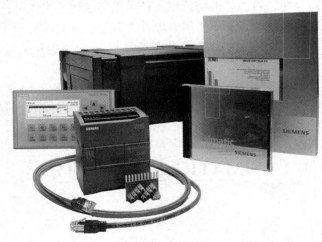

图 3−1　西门子系列的人机界面和人机界面组态软件

3.1.2 人机界面的功能

（1）显示 PLC 的 I/O 状态和各种系统信息；

（2）接收操作人员发出的各种命令和设置的参数，并将它们传送到 PLC。

3.1.3 人机界面的前身

人机界面的前身是按钮、开关、指示灯。这些元件的缺点是提供的信息量少、操作困难。如果用 7 段数码管来显示数字，用拨码开关来输入参数，则占用的 PLC 的 I/O 点数多，硬件成本高，有时还需要自制印制电路板。

环境较好的控制室内可用计算机作人机界面装置。早期的工业控制计算机用 CRT 显示器和薄膜键盘作工业现场的人机界面，它们体积大，安装困难，对现场环境的适应能力差。现在人机界面基本都使用液晶显示器的操作员面板和触摸屏。

人机界面设计的正面防护等级为 IP65，背面防护等级为 IP20，坚固耐用，其稳定性和可靠性与 PLC 相当，能够长期在恶劣的环境中长时间运行，因此人机界面是 PLC 的最佳搭档。

3.1.4 人机界面所承担的任务

人机界面承担的主要任务为：过程可视化、操作员对过程的控制、显示报警、记录、输出过程值和报警记录、过程和设备的参数管理。使用人机界面需要解决画面设计和 PLC 的通信问题，其解决方法就是使用组态软件。

3.1.5 组态软件

组态（configure）的含义是"配置""设定""设置"等，是指用户通过类似"搭积木"的简单方式完成自己所需要的软件功能，而不需要编写计算机程序。组态有时候也称为"二次开发"，组态软件就称为"二次开发平台"。简单地说，组态软件能够实现对自动化过程和装备的监视和控制。它能从自动化过程和装备中采集各种信息，并将信息以图形化等易于理解的方式进行显示，将重要的信息以各种手段传送到相关人员，对信息执行必要的分析、处理和存储，并发出控制指令等。组态软件大多使用方便，易学易用，可以容易地生成人机界面的画面。人机界面用文字或图形动态地显示 PLC 中的开关量的状态和数字量的数值。

各种品牌的人机界面和各主要生产厂家的 PLC 是互相兼容的。用户不用编写 PLC 人机界面的通信程序，只需在 PLC 的编程软件和人机界面的组态软件中对通信参数进行简单的设置，就可以实现人机界面与 PLC 的通信。

3.2 SIMATIC 人机界面的分类

SIMATIC 人机界面产品旨在简化生产过程中日趋复杂和多样化的控制任务，具有高度的人性化设计、标准的界面、便捷的操作与配置、极佳的对比度显示和可读性，多样化的款式可满足用户的个性化需求，可以实现对生产进程的全程监控。SIMATIC 人机界面具有完整的产品系列，从简单的按钮面板到生产过程的可视化监控系统，都根据其性能和友好性进行了分类，性价比较高，适用于不同任务和资金条件的解决方案。

3.2.1　文本显示器（TD）

文本显示器是一种廉价的单色操作员界面，一般只能显示几行数字、字母、符号和文字。可以用 S7－200 的编程软件 STEP7－Micro/WIN 中的文本显示向导为文本显示器组态。只需要进行一些简单的设置，就可以用它们来显示文本和动态信息。

3.2.2　操作员面板（OP）

操作员面板（图 3－2）使用液晶显示器和薄膜按键，有的操作员面板的按键多达 10个。操作员面板面积大，直观性较差。

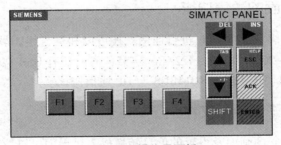

图 3－2　操作员面板

3.2.3　触摸屏（TP）

触摸屏（图 3－3）是人机界面发展的方向。可以由用户在触摸屏的画面上设置具有明确意义和提示信息的触摸式按键。触摸屏面积小，使用直观方便。

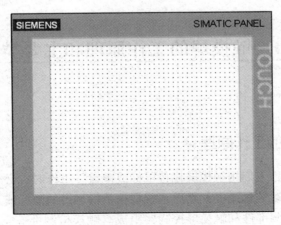

图 3－3　触摸屏

3.3 人机界面的工作原理

人机界面最基本的功能是显示现场设备中开关量的状态和寄存器中数字变量的值，用监控画面向 PLC 发出开关量命令，并修改 PLC 寄存器中的参数。

3.3.1 对监控画面进行组态

人机界面用 PC 上运行的组态软件来生成满足用户要求的监控画面，用画面中的图形对象来实现其功能，用项目来管理这些画面。

用组态软件生成人机界面的监控画面，用文字或图形动态地显示 PLC 中开关量的状态和数字变量的值。

3.3.2 人机界面的通信功能

人机界面可以和许多厂家的 PLC 进行通信，还可以和运行组态软件的计算机进行通信。通信接口主要包括 RS – 232C 和 RS – 422/RS – 485，有的还有 USB 接口和以太网接口。西门子的 RS – 485 接口可以使用 MPI/PROFIBUS – DP 通信协议。

3.3.3 编译和下载项目文件

编译文件是指将建立的画面及设置的信息转换成人机界面可以执行的文件。当项目文件组态时，就可以将在上位机（计算机）上组态的项目文件下载到下位机（人机界面）中。

3.3.4 运行阶段

在控制系统运行时，人机界面和 PLC 之间通过通信交换信息。不需要为 PLC 或人机界面的通信编程，只需要在组态软件中和人机界面中设置通信参数就可以实现人机界面和 PLC 之间的通信。

3.4 触摸屏的工作原理和主要类型

3.4.1 触摸屏的工作原理

为了操作上的方便，人们用触摸屏代替鼠标或键盘。工作时，必须首先用手指或其他物体触摸安装在显示器前端的触摸屏，然后系统根据手指触摸的图标或菜单位置定位选择信息输入。触摸屏由触摸检测部件和触摸屏控制器组成。触摸检测部件安装在显示器屏幕前面，用于检测用户触摸位置，接收触摸信息后送触摸屏控制器。触摸屏控制器的主要作用是从触摸点检测装置上接收触摸信息，并将它转换成触摸点坐标送给 CPU，它同时能接收 CPU 发来的命令并加以执行。不能同时触摸人机界面触摸屏上的多个点，如果操作员同时触摸多个触摸对象或按多个键，可能触发意外动作。操作时注意只能触摸某一个触摸对象。

3.4.2 触摸屏的主要类型

按照触摸屏的工作原理和传输信息的介质，把触摸屏分为 4 种，分别为电阻式、电容感应式、红外线式以及表面声波式。每一类触摸屏都有其各自的优、缺点。

3.5 SIMATIC 操作面板的主要类型和维护

SIMATIC 操作面板的特点主要包括：设计用于恶劣的工业环境、坚固且紧凑、键盘或触摸屏操作安全且符合人体工程标准、显示器具有很好的可读性、易于扩展且独立于制造商、用于多功能面板 OPC 通信（OPC 服务器）、可以和第三方的控制器连接、可通过 PROFI-NET/Ethernet 实现 TCP/IP 协议。

3.5.1 SIMATIC 操作面板的主要类型

下面重点介绍几种常用的 SIMATIC 操作面板。

（1）纯按键板：支持总线通信，可替代传统的键控操作面板，内置通信接口，不需要组态软件。

（2）微型面板：应用于 S7 - 200 PLC 微型系统，用于较简单的自动化任务。

（3）通用面板：能够有效地操作和监控不同性能的设备，既有带触摸屏的触摸式面板（TP），又有带覆膜键盘的操作面板（OP）。

（4）多功能面板（MP）：其主要特点是具有高性能、开放性和可扩展性。它可以在一个平台上集成多个自动化任务。

（5）移动面板：基于 Windows CE 的手持式面板，又称作移动面板，是用于靠近机器的具有组合键和 3 个变量的触摸操作的移动式人机界面。其结构紧凑，符合人体工程学设计，同时坚固耐用，可充分满足工业使用要求。

3.5.2 SIMATIC 人机界面的维护

一般来说，人机界面设备一般具有免维护功能。在实际生产中，可根据需要进行适当清洁。在清洁前，应关闭人机界面设备，以免意外触发控制功能。可使用蘸有少量清洁剂的湿布清洁人机界面设备，或者使用少量液体肥皂水或屏幕清洁泡沫。清洁时，不能对人机界面设备使用具有腐蚀性的清洁剂或去污粉，也不要使用压缩空气或喷气鼓风机，以免损坏屏幕。不要使用锋利或尖锐的工具取保护膜，否则可能损坏触摸屏。若有需要，可为人机界面设备选购屏幕保护膜和键盘保护膜。不同型号人机界面设备的维护所需注意的事项可能不尽相同，请参考相关的产品手册。

3.6　人机界面的应用

3.6.1　带多台人机界面设备的 PLC

多台人机界面设备通过过程总线（例如 PROFIBUS 或以太网）连接至一个或多个 PLC。例如，在生产线中配置此类系统以从多个点操作设备。带多台人机界面设备的 PLC 如图 3 - 4 所示。

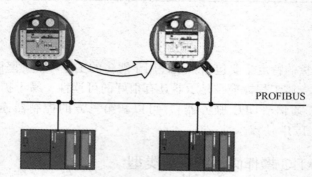

图 3 - 4　带多台人机界面设备的 PLC

3.6.2　具有集中功能的人机界面系统

人机界面系统通过以太网连接至 PC。上位 PC 机承担中心功能，如配方管理。必要的配方数据记录由次级人机界面系统提供。具有集中功能的人机界面系统如图 3 - 5 所示。

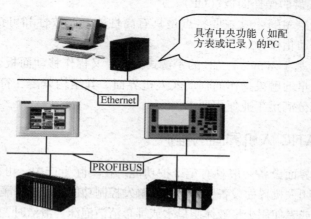

图 3 - 5　具有集中功能的人机界面系统

3.6.3　支持移动单元

移动单元主要应用于大型生产设备、长生产线或传输装置，也可用于需要对过程进行直接显示的系统。要操作的机械设备配备了多个接口，如可以连接 Mobile Panel 170，因此，操作员或维修人员可以直接在现场进行工作，这样就可以实现精确的装配和定位。例如在进行维修时，移动单元可以保证较短的停机时间。

3.6.4 远程访问人机界面设备

使用 Sm@ rtService 软件，可以通过网络（Internet、局域网）从工作站连接至人机界面设备。例如：一家中型生产公司与外面的某一维修公司签订了维修合同，当需要维修时，维修技术人员可以远程访问人机界面设备并直接在其工作站上显示人机界面设备的用户界面。通过这种方式，可以更快地传送更新的项目，从而减少机器的停机时间。远程访问人机界面设备示意如图 3 – 6 所示。

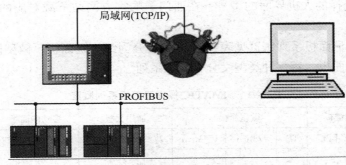

图 3 – 6　远程访问人机界面设备示意

通过网络进行的远程访问可用于下列应用环境。

1. 远程操作和监控

可以通过自己的工作站操作人机界面设备并对其运行过程进行监控。

2. 远程管理

可以将项目从工作站传送到人机界面设备。通过这种方式，可以从中心点更新项目。

3. 远程诊断

每个面板都提供了使用 Web 浏览器可以访问的 HTML 页面，其中包含了有关所安装软件、版本或系统报警的信息。

3.7　单项技能训练 1：SIMATIC 人机界面选型

3.7.1 选型准备

如果构建了工业控制网络，需要购置 SIMATIC 人机界面设备，在进行选型之前首先有以下准备：

（1）了解控制系统对人机界面功能的具体要求；

（2）分类了解各种类型的操作面板的特点、功能和主要应用等；

（3）大致选择操作面板的系列，有必要时研读相关的选型手册。

3.7.2　选型过程

（1）根据控制系统的要求，寻找最合适的操作面板，建议参考西门子触摸屏选型样本手册。也可以在以下网站找到最新产品：www. ad. siemens. com. cn/as/hmi/panels，包括各种目前的设备类型。

（2）了解控制系统选型。控制系统可简单地归纳为"三点一线"式结构。"一线"是指控制系统的控制网络，"三点"是指连接在网络上的 3 种不同类型的节点：（1）面向被控过程的控制站，I/O 站隶属于各自的控制站；（2）面向操作人员的操作员站；（3）面向控制系统管理和维护人员的工程师站。

（3）根据所选择的人机界面的型号，在西门子的官方网站下载对应的人机界面的用户手册仔细阅读。

SIMATIC 操作员面板系列概览见表 3－1。面板分为纯按键面板、微型面板、通用面板、多功能面板和移动面板，每一种类型又分为若干系列。

表 3－1　SIMATIC 操作员面板系列概览

类型\说明	纯按键板		微型面板			通用面板			多功能面板		移动面板	
	PP7	PP17	TD	77Micro	177Micro	77	177	277	MP277	MP377	Mobile177	Mobile277
移动											√	√
固定	√	√	√	√	√	√	√	√	√	√		
操作												
触摸屏					√		√	√	√	√		
按键	√	√				√	√		√	√		
触摸屏和按键											√	√
显示器												
TFT							√	√	√	√		√
STN				√	√	√	√				√	
接口												
PPI	√	√	√	√	√							
PROFIBUS						√	√	√	√	√	√	√
PROFINET/Ethernet							√	√	√	√	√	√
USB								√	√	√		√
人机界面功能												
报警系统	√	√	√	√	√	√	√	√	√	√	√	√
配方						√	√	√	√	√	√	√
归档								√	√	√		√
Visual Basic 脚本							√	√	√	√		√
软件选项						√	√	√	√	√	√	√

3.8　单项技能训练2：PC与人机界面的连接

3.8.1　连接要求与准备

在连接之前先准备直通网线一根，准备 SIMATIC 人机界面与 PC 通信连接手册一本。

3.8.2　操作步骤

现以 TP177B color PN/DN 为例介绍将 PC 上的程序下载至人机界面的方法。下载的方法主包串行下载、MPI/DP 下载、USB 线缆下载、以太网下载。考虑到实用性、性价比和线缆成本等因素，在这里只讲述常用的以太网下载方法，其他下载方式可以参照西门子的官方网站进行参考。

TP177B color PN/DP，OP177B color PN/DP 支持以太网下载，这里使用 OP177B color PN/DN 作说明，TP177B color PN/DN 与其设置方法相同。

1. 阅读下载要求

对线缆的具体要求最好采用 T568B 的交叉线序标准，即一端采用 T568A 标准：白绿、绿、白橙、蓝、白蓝、橙、白棕、棕；另一端采用 T568 标准：白橙、橙、白绿、蓝、白蓝、绿、白棕、棕。也就是反线或者计算机直连线。

西门子面板所带的以太网网卡一般都具有自适应功能，如果 PC 也支持自适应功能，那么也可以采用直通线序标准进行下载，即一端采用 T568 标准：白橙、橙、白绿、蓝、白蓝、绿、白棕、棕；另一端也采用 T568B 标准：白橙、橙、白绿、蓝、白蓝、绿、白棕、棕。

使用以太网线缆连接 PC 和面板，只要保证能从 PC 上 Ping 到面板，则物理连接正常。PC 需要安装以太网网卡（或者集成网卡）并设定相关技术参数。

电缆连接方法：以太网线缆的一端连接到 PC 的以太网网卡的 RJ-45 接口上，另一端直接连接到面板下部的以太网接口上。

2. 下载设置

（1）面板上电后，进入 Windows CE 操作系统，弹出图 3-7 所示菜单，单击"Control Panel"按钮。

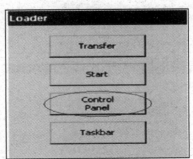

图 3-7　OP177B Color PN/DN 启动菜单

（2）进入控制面板后，双击"Transfer"图标，如图 3 – 8 所示。

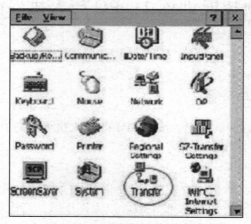

图 3 – 8　传输选择界面

（3）进入通道选择界面后，在"Channel 2"区域中选择协议"ETHERNET"，并使能该通道，如图 3 – 9 所示，然后单击"Advanced"按钮。

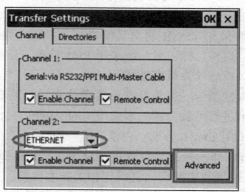

图 3 – 9　通道选择界面

（4）在弹出的网络设备列表中选择"SMSC100FD1：Onboard LAN Ethernet Driver"选项，并单击"Properties"按钮，如图 3 – 10 所示。

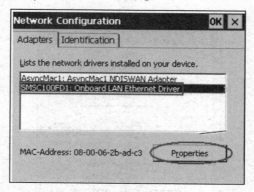

图 3 – 10　属性设置界面

（5）进入 IP 地址设置对话框，选择"Specify an IP address"选项，如图 3 - 11 所示，则
"IP Address"和"Subnet Mask"框输入使能，输入此面板的 IP 地址（该 IP 地址同下载 PC
的必须在同一网段），例如 IP 地址使用 192. 168. 0. 110，子网掩码使用 255. 255. 255. 0（子
网掩码必须同下载 PC 的子网掩码一致），其他不用指定。

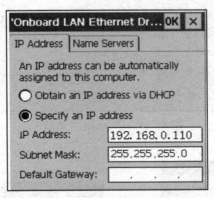

图 3 - 11　IP 地址设置对话框

（6）单击"OK"按钮退出到控制面板，找到"Communication"图标，双击进入设备名
称设置对话框，修改设备名称，注意在整体控制系统中，设备名称应当唯一，若系统中只有
一台面板，则可以使用默认设备名称，不必修改，给设备命名时切勿使用特殊符号。设备名
称设置对话框如图 3 - 12 所示。

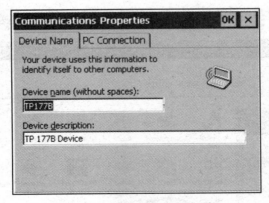

图 3 - 12　设备名称设置对话框

（7）单击"OK"按钮退出，再次进入控制面板，找到"OP"图标，双击进入"De-
vice"选项卡，单击"Reboot"按钮，重新启动面板设备，使所设置的参数生效，也可以进
行断电后重新上电，如图 3 - 13 所示。

（8）重新启动后，进入操作系统，单击"Transfer"按钮，如图 3 - 14 所示。
屏幕显示"Connecting to host…"，如图 3 - 15 所示，表明面板进入传送模式。

3. 下载 PC 的相关设置

（1）进入下载 PC 的控制面板，双击"Network Connections"图标，如图 3 - 16 所示。

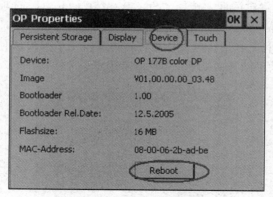

图 3 – 13　　"Device"选项卡

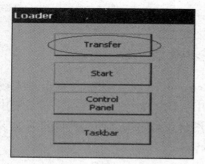

图 3 – 14　传送启动界面

图 3 – 15　传送模式画面

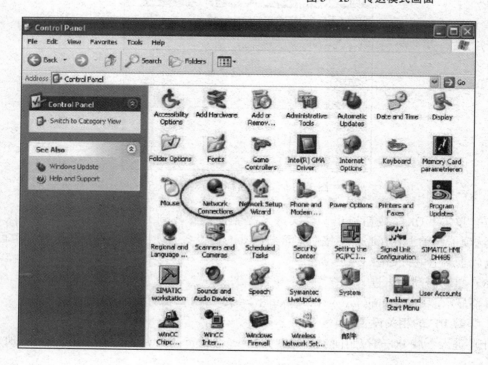

图 3 – 16　下载 PC 的控制面板

（2）进入以太网卡列表，双击连接西门子面板的以太网卡图标。系统弹出"Local Area Connection Status"对话框，单击"Properties"按钮，如图3－17所示。

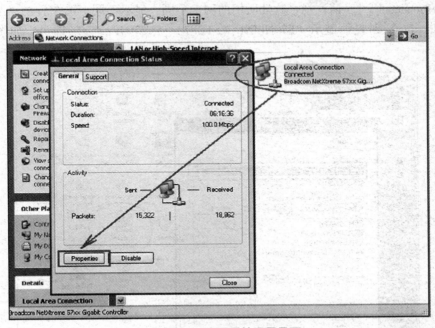

图3－17　以太网属性设置界面

（3）在列表中选择"Internet Protocol（TCP/IP）"选项并双击，在弹出的"Internet Protocol（TCP/IP）Properties"对话框中指定IP地址和子网掩码，该IP地址必须和面板的IP地址在同一个网段，此例中IP地址为192.168.0.222，子网掩码设为255.255.255.0，如图3－18所示。

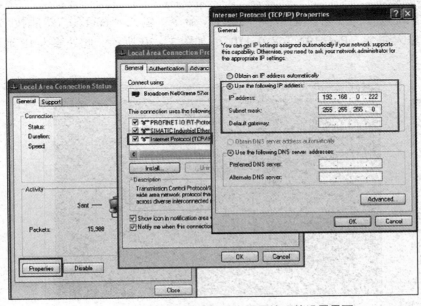

图3－18　网络属性及IP地址和子网掩码的设置界面

（4）保存设置并回到控制面板中，双击"Setting the PG/PC Interface"图标，在弹出的属性对话框中的应用程序访问点列表中选择"S70NLINE（STEP7）"选项，在设备列表中选择"TCP/IP→Broadcom…"（请注意：此处所用的网卡不同，显示不同，选择后在"Access Point of the Application"列表中显示"S70NLINE（STEP7）→TCP/IP→…"即可，如图 3 – 19 所示）。

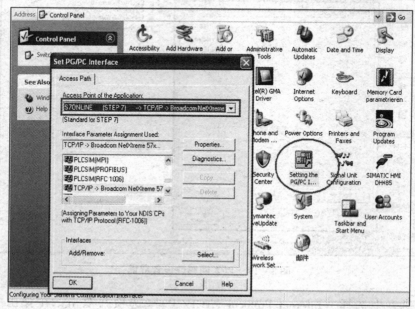

图 3 – 19 "S70NLINE（STEP7）→TCP/IP"属性设置界面

4. 通信状态检测

1）PC 端检测

在操作系统选择"开始"菜单→"运行"命令，输入"cmd"，然后按 Enter 键，在 DOS 界面中输入命令"Ping 192. 168. 0. 110"，如图 3 – 20 所示，此处输入 IP 地址为面板的 IP 地址。

图 3 – 20 PC 端通信状态检测界面

当出现图 3 – 20 所示的提示时，表示以太网通信正常。

2）面板端检测

同样也可在面板上测试以太网通信是否正常，如图 3 – 21 所示，单击"Taskbar"按钮，选择"Start"→"Run"命令。

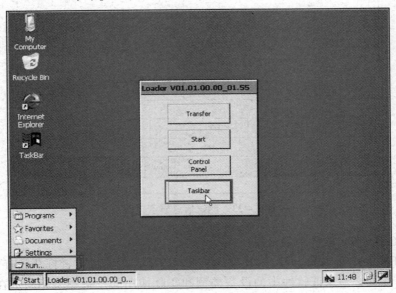

图 3 – 21　在面板上测试以太网通信状况界面

如图 3 – 22 所示，在"Run"对话框中输入"cmd"，按 Enter 键，弹出类似 DOS 的界面，在"\>"后输入"ping 192.168.0.222"后按 Enter 键，如图 3 – 23 所示，表明以太网通信正常，此处的 IP 地址是 PC 的 IP 地址。此处的通信检测命令在 PC 上执行比较方便和快捷，作用相同。

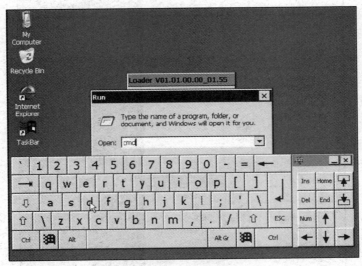

图 3 – 22　通信测试信息输入界面

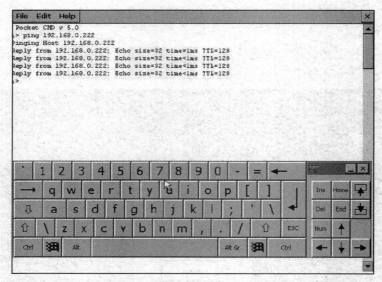

图 3 – 23   测试信息显示界面

5. WinCC flexible 软件中的设置

打开 WinCC flexible 软件，建立 OP177B color PN/DP 新项目或者打开已有 OP177B color PN/DP 项目，此处必须保证软件中的设备类型和实际使用的设备类型相同。在"项目"菜单中选择"传送"选项可以进行传送设置，如图 3 – 24 所示。

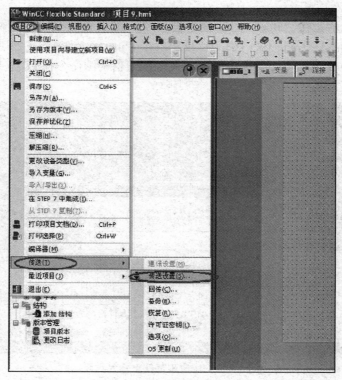

图 3 – 24   "项目"菜单

选择"传送设置"选项，在弹出的对话框中进行设置，如图 3 – 25 所示。

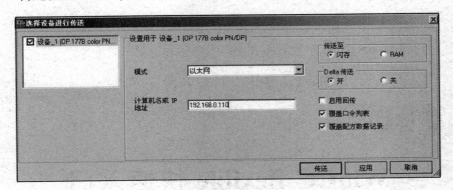

图 3 – 25　传送设置界面

在"模式"下拉列表中选择"以太网"选项，在"计算机名或 IP 地址"框中输入面板的 IP 地址，单击"传送"按钮，项目开始下载。下载完成后，PC 和触摸屏就可以通信了。

本章小结

本章主要介绍了人机界面的选型及人机界面与 PC 的连接方法。

（1）SIMATIC 人机界面的种类和型号繁多。在西门子庞大的产品体系中选择性价比高、可扩展性好、适应控制系统要求的人机界面产品，需要先对人机界面应用的控制系统有详细的了解；其次对人机界面在控制系统中承担的任务、系统对人机界面的要求了解清楚；最后要根据产品手册中对各目标产品的介绍进行对比分析，选择能够实现控制系统要求的人机界面。

（2）将 PC 上的程序下载至人机界面的常用方法有以太网下载、USB 线缆下载、串行下载和 MPI/DP 下载。考虑到应用的普适性，本章详细介绍了以太网下载方法。

思考与练习

3 – 1　什么是人机界面？人机界面主要承担的任务是什么？

3 – 2　人机界面有哪些分类？各种人机界面的特点是什么？

3 – 3　SIMATIC 人机界面分为哪些类型？各有什么特点？

3 – 4　按钮面板有什么特点？怎样组态？

3 – 5　文本显示器有什么特点？

3 – 6　多功能面板有什么特点？

3 – 7　SIMATIC 触摸屏有哪些型号？各有什么特点？

3 – 8　SIMATIC 操作员面板有哪些型号？各有什么特点？

第 4 章

WinCC flexible 快速入门

4.1　认识组态软件 WinCC flexible

WinCC flexible 是 SIMATIC 人机界面的组态软件。

4.1.1　WinCC flexible 的特点

（1）具有强大的组态功能，可组态基于 Windows CE 的 SIMATIC 人机界面设备、西门子的 C7（人机界面与 S7 300 相结合的产品）乃至 PC（需要 WinCC flexible 高级版）。

（2）支持 TIA（西门子的全集成自动化），可以与西门子的 STEP 7 V5.3、iMapV2.0 和 Scout 集成在一起。

（3）具有优良的开放性和扩展性，支持 Visual Basic 脚本功能，集成 Active X 控件，从而将人机界面集成到 TCP/IP 网络。

（4）提供智能化的向导工具。

（5）图库和操作对象丰富，供用户使用，支持用户自定义对象。

（6）具有通信组态功能，支持多种通信类型。

4.1.2　ProTool 与 WinCC flexible

SIMATIC 人机界面过去用 ProTool（目前最高版本为 6.0 SP3）组态，SIMATIC WinCC flexible 是在被广泛认可的 ProTool 组态软件的基础上发展而来的系统级组态软件，支持多种语言，全球通用。WinCC flexible 与 ProTool 保持了一致性，综合了 WinCC 的开放性和可扩展性，以及 ProTool 的易用性。它们都可用来组态西门子的操作面板或 PC 项目（RunTime）。其中 WinCC flexible 是 ProTool 的后继产品。ProTool 适用于单用户系统，WinCC flexible 可以满足各种需求——从单用户、多用户到基于网络的工厂自动化控制与监视。大多数 SIMATIC 人机界面产品可以用 ProTool 或 WinCC flexible 组态，而 2004 年以后的很多新型号面板（比如 OP73/Micro、OP77A/B、KTP178Micro、OP/TP177Micro/A/B 等）不再支持 ProTool 组态，只能使用 WinCC Flexible 组态。用 ProTool 开发的组态项目可通过 WinCC flexible 的移植向导非常简便地转换成 WinCC flexible 项目，这也体现了西门子公司对客户的劳动成果的高度重视和保护。

4.1.3　WinCC flexible 与 WinCC

WinCC flexible 和 WinCC 都是 SIMATIC 人机界面软件产品。WinCC 是功能强大的基于 PC 的可视化监控系统组态软件，能够借助其强大的数据库访问能力、良好的开放性、丰富的选件以及 C/S、B/S 和冗余结构来实现复杂的工艺流程的监控管理。WinCC flexible 目前主要是用来给 SIMATIC 操作面板组态，但也可以组态基于 PC 的单用户操作员站项目，与 WinCC 相比虽然功能有所不及，但对于简单的应用来讲却具有极高的性价比。

4.2　WinCC flexible 的组件

4.2.1　WinCC flexible 工程系统

WinCC flexible 工程系统（WinCC flexible Engineering System，WinCC flexible ES）是用于处理组态任务的软件。WinCC flexible 采用模块化设计开发，为各种不同的人机界面设备量身定做了不同价格和性能档次的版本：微型版（WinCC flexible Micro）、压缩版（WinCC flexible Compact）、标准版（WinCC flexible Standard）和高级版（WinCC flexible Advanced）。随着版本的逐步升高，WinCC flexible 支持的设备范围以及 WinCC flexible 的功能得到了扩展，可以通过 Powerpack 程序包将软件升级到更高版本。各版本与人机界面的简要对应关系如下：

（1）微型版用于组态微型面板，例如 OP 73 Micro 和 TP 170 Micro 等；

（2）压缩版用于组态 70 系列，170 系列和可移动面板 170；

（3）标准版用于组态 TP/OP 270 和 MP 系列。

（4）高级版用于组态面板 PC 和标准 PC。

4.2.2　WinCC flexible 运行系统

WinCC flexible 运行系统（WinCC Flexible RunTime，WinCC Flexible RT）是用于过程可视化的软件。WinCC flexible 运行系统在过程模式下执行项目，实现与自动化系统之间的通信、图像在屏幕上的可视化、各种过程的操作、过程值的记录和报警事件。WinCC flexible 运行系统支持一定数量（例如 128 个、512 个和 2 048 个）的过程变量（Powertag），该数量由授权确定，可以用 Powerpack 程序包增加过程变量的数量。WinCC flexible 运行系统中有丰富的选件功能，但需安装相应授权和人机界面设备的支持。例如，要使用归档或配方功能，应购买归档或配方授权。

4.3　WinCC flexible 的安装和启动

以下安装步骤以中国用户常用的 WinCC flexible 2007 SP1 中文标准版为例。

（1）当插入产品光盘后，安装程序一般会自动运行。如果安装程序没有自动运行，双击光盘中的"setup. exe"文件，如图 4-1 所示。

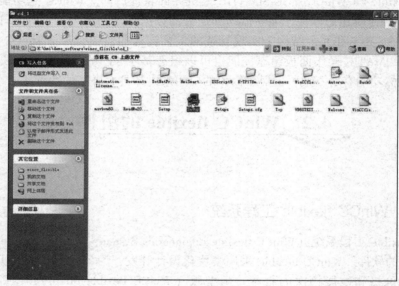

图 4-1　选择安装文件

（2）在"产品注意事项"对话框中，单击"下一步"按钮继续安装。单击"是，我要阅读注意事项"按钮可查看程序安装的注意事项，单击"退出"按钮则退出安装程序，如图 4-2 所示。

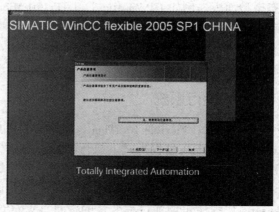

图 4-2　安装程序首页

（3）阅读并接受许可证协议的条款，单击"下一步"按钮，如图4-3所示。

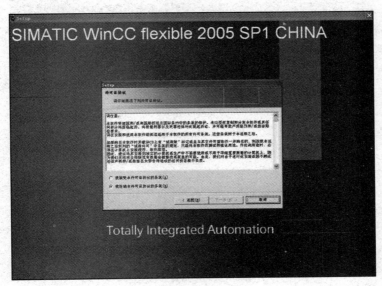

图4-3 接受许可证协议

（4）在"要安装的程序"对话框中，单击"下一步"按钮，如图4-4所示。

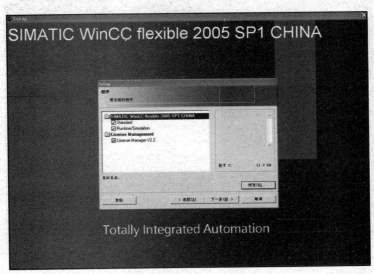

图4-4 选择安装程序

（5）在"安装类型"对话框中，选择"典型"选项，如图4-5所示。

（6）安装需要重启动。重启动时，将 WinCC flexible 光盘留在光盘驱动器中。重启动后，登录系统以继续安装。安装完成后安装程序会重新配置系统。该过程需要几分钟，如图4-6所示。

（7）如果用户还安装了需要授权的选件，则安装程序将会在安装完成后要求传送授权。

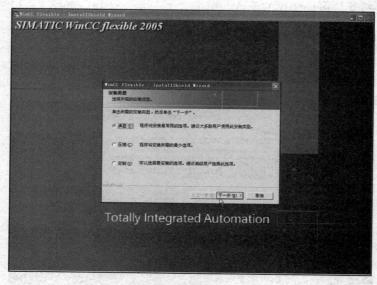

图 4-5 选择安装类型

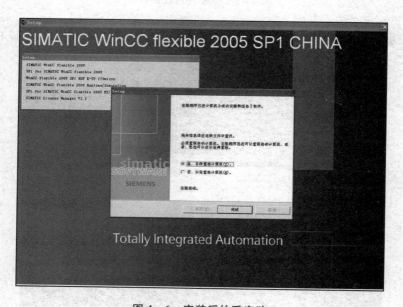

图 4-6 安装后的重启动

用户可遵循授权对话框的指示操作，将授权从磁盘传送到计算机的硬盘驱动器。用户也可在以后通过运行自动化授权管理器（Automation License Manager）来传送授权。

（8）安装成功并重启动 Windows 系统后，任务栏将显示 WinCC flexible 图标和微软桌面数据库引擎（Microsoft SQL Server Desktop Engine，MSDE）图标。WinCC flexible 默认设置为开机自动初始化，这样可以加快 WinCC flexible 的启动速度，如图 4-7 所示。如果想关闭此设置，可选择"自动启动"→"禁用"选项。

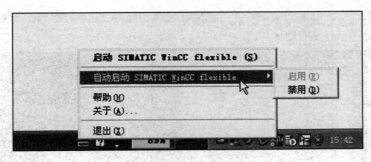

图4-7　安装后选择"自动启动"选项

4.4　WinCC flexible 用户界面入门

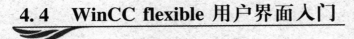

4.4.1　WinCC flexible 用户界面概述

WinCC flexible 用户界面如图4-8所示。组态的项目视图在用户界面的左侧，组态的所有内容在项目视图中均有所体现。工具窗口在用户界面的右侧，在这里选取组态工具。属性视图在用户界面的最下方，画面及画面元件的属性通过属性视图组态。此外对象视图缺省的情况下在用户界面的左下方。

WinCC flexible 用户界面包含以下元素：

（1）菜单栏和工具栏。

可以通过 WinCC flexible 的菜单栏和工具栏访问它所提供的全部功能。当鼠标指针移动到一个功能上时，将出现工具提示。

（2）工作区域。

在工作区域中可编辑项目对象。所有 WinCC flexible 元素都排列在工作区域的边框上。除了工作区域之外，可以组织、组态，例如，移动或隐藏任一元素以满足个人需要。

（3）项目视图。

项目中所有可用的组成部分和编辑器在项目视图中以树形结构显示。作为每个编辑器的子元素，可以使用文件夹以结构化的方式保存对象。此外，屏幕、配方和脚本用户词典都可直接访问组态目标。在项目视图中，用户可以访问人机界面设备的设置、语言设置和版本管理。

（4）属性视图。

属性视图用于编辑对象属性，例如画面对象的颜色。属性视图仅在特定编辑器中可用。

（5）工具窗口。

工具窗口包含有选择对象的选项，可将这些对象添加给画面，例如图形对象或操作员控制元素。此外，工具窗口也提供了许多库，这些库包含许多对象模板和各种不同的面板。

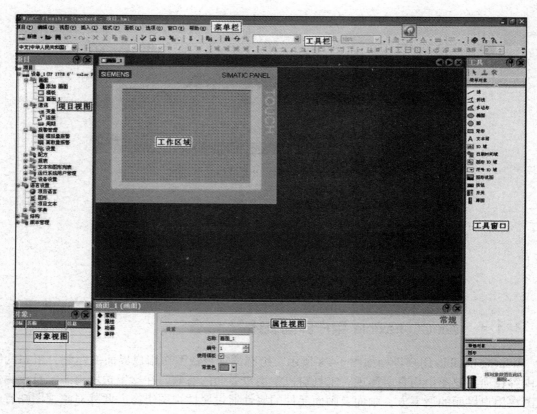

图 4 – 8　WinCC flexible 用户界面

（6）库。

库是工具窗口的元素。使用库可以访问画面对象模板。始终可以通过多次使用或重复使用对象模板来添加画面对象，从而提高编程效率。库是用于存储诸如画面对象和变量等常用对象的中央数据库。

（7）输出视图。

输出视图显示在项目测试运行中所生成的系统报警。

（8）对象视图。

对象视图显示项目视图中选定区域的所有元素。

下面对各元素进行详细的介绍：

1. 菜单栏和工具栏

使用菜单栏和工具栏可以访问组态设备所需要的全部功能，如图 4 – 9 所示。激活相应的编辑器时，显示此编辑器专用的菜单命令和工具栏。

当鼠标指针移动到某个命令上时，将出现对应的工具提示。

1）菜单栏

"项目"：包含用于项目管理的命令。

"编辑"：包含用于剪贴板和搜索功能的命令。

"视图"：包含用于打开/关闭元素和用于缩放/层设置的命令。要重新打开已关闭的元

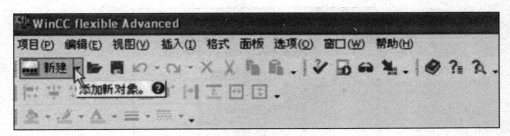

图4-9 WinCC flexible 的菜单栏和工具栏

素，选择"查看"菜单。

"插入"：包含用于插入新对象的命令。

"格式"：包含对画面对象进行组织和设置格式的命令。

"面板"：包含用于创建和编辑面板的命令。

"选项"：包含用于诸如在 WinCC flexible 中更改用户界面语言和组态的基本命令。

"窗口"：包含管理工作区域上多个窗口的命令，例如用于切换至其他窗口的命令。

"帮助"：包含用于调用帮助功能的命令。

2）工具栏

使用工具栏可以快速访问常用的重要功能。可以采用下列工具栏组态选项：

（1）添加和删除按钮；

（2）改变位置。

2. 工作区域

工作区域用于编辑表格格式的项目数据（例如变量）或图形格式的项目数据（例如过程画面），如图4-10所示。

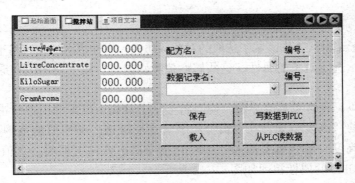

图4-10 WinCC flexible 的工作区域

3. 项目视图

项目视图是项目编辑的中心控制点。项目中所有可用的组成部分和编辑器在项目视图中以树形结构显示。每个编辑器均分配有一个符号，可以使用该符号标识相应的对象。只有受到所选人机界面设备支持的那些单元才在项目视图中显示。在项目视图中，用户可以访问人机界面设备的设置、语言设置和版本管理。WinCC flexible 项目视图如图4-11所示。

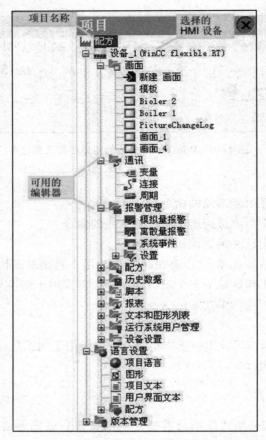

图 4 - 11　WinCC flexible 的项目视图

4. 属性视图

属性视图用于编辑从工作区域中选取的对象的属性。属性视图的内容基于所选择的对象。

属性视图显示选定对象的属性。这些属性按类别组织。改变后的值在退出输入域后直接生效。

无效的输入以彩色背景高亮显示，同时将显示工具提示以帮助用户修正输入。

例如，对象的"高度"属性在逻辑上与字节变量链接，类型值的范围是 0~255。如果在属性视图的"高度"输入框中输入"300"，则当退出该输入框时，该值以彩色背景高亮显示。WinCC flexible 的属性视图如图 4 - 12 所示。

5. 库

库是工具窗口的元素。库是用于存储常用对象的中央数据库。只需对库中存储的对象组态一次，然后便可以任意多次重复使用。始终可以通过多次使用或重复使用对象模板来添加画面对象，从而提高编程效率。WinCC flexible 的库如图 4 - 13 所示。

WinCC flexible 的库分为全局库和项目库。

1）全局库

全局库并不存放在项目库中。它写在一个文件中。该文件默认存放于安装目录下。全局库可用于所有项目。

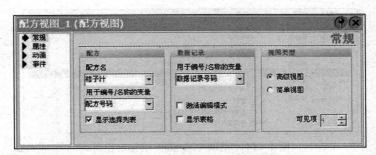

图 4 – 12　WinCC flexible 的属性视图

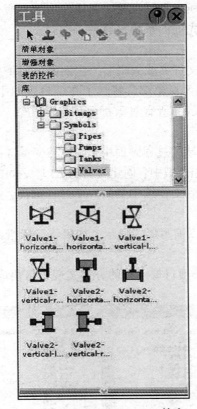

图 4 – 13　WinCC flexible 的库

2）项目库

项目库随项目数据存储在数据库中，它仅可用于创建该项目库的项目。

可以在这两种库中创建文件夹，以便为它们所包含的对象建立一个结构。此外，可以将项目库中的元素复制到全局库中。

6. 输出视图

输出视图显示在项目测试运行中所生成的系统报警，如图 4 – 14 所示。

输出视图通常按其出现的顺序显示系统报警。"类别"指出了生成系统报警的相应 WinCC flexible 模块。例如，WinCC flexible 将在一致性检查期间生成"发生器"类别的系统报警。

要对系统报警排序，可单击对应列的标题。弹出式菜单可用于跳转到某个出错位置或某个变量，并复制或删除系统报警。

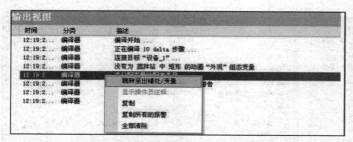

图 4 – 14　WinCC flexible 的输出视图

输出视图显示上次操作的所有系统报警。新操作将重写所有先前的系统报警，但是仍然可以从单独的记录文件中检索先前的系统报警。

7. 对象视图

如果在项目视图中选择了文件夹或编辑器，它们的内容将显示在对象视图中。

WinCC flexible 的对象视图的对象窗口解释了在项目视图中所作的选择如何影响对象视图中的显示。在对象窗口中显示的所有对象都可用拖放功能。例如，WinCC flexible 支持下列拖放操作：

（1）将变量移动到工作区域的过程画面中：创建与变量链接的 IO 域。

（2）将变量移动到现有的 IO 域中：创建变量与 IO 域之间的逻辑链接。

（3）将一个过程画面移动到工作区中的另一个过程画面：生成一个带有画面切换功能的按钮，该按钮与过程画面链接。

在对象视图中，长对象名以缩写形式显示。如果将鼠标指针移动到对象上，将显示其完整的名称作为工具提示。

当有大量对象时，可用输入项目首字母的方式实现项目快速定位。WinCC flexible 的对象视图如图 4 – 15 所示。

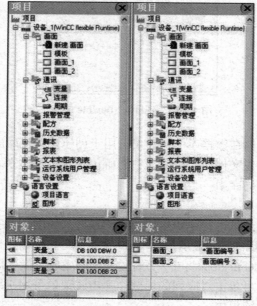

图 4 – 15　WinCC flexible 的对象视图

4.4.2 WinCC flexible 用户界面的操作

1. 鼠标的操作

鼠标是一种操作便捷的"所见即所得"的大型组态软件，WinCC flexible 中的鼠标可实现的功能见表 4-1。

表 4-1 WinCC flexible 中的鼠标可实现的功能

功能	作用
用鼠标左键单击	激活任意对象，或者执行菜单命令或拖放等操作
用鼠标右键单击	打开快捷菜单
双击（鼠标左键）	在项目视图或对象视图中启动编辑器，或者打开文件夹
"鼠标左键＋拖放"	在项目视图中生成对象的副本
"Ctrl＋鼠标左键"	在对象视图中逐个选择若干单个对象
"Shift＋鼠标左键"	在对象视图中选择使用鼠标绘制的矩形框内的所有对象

拖放功能使组态操作更为容易。例如，将变量从对象视图拖放到过程画面中时，系统会自动生成一个与该变量逻辑链接的 IO 域。要组态画面切换，则将所需的过程画面拖放到在工作区中显示的过程画面中，这将生成一个组态为包含相应画面切换功能的按钮。

图 4-16 可拖放与不可拖放图示
(a) 可拖放；(b) 不可拖放

项目视图和对象视图中的所有对象都能使用拖放功能。鼠标指针的显示将表明目标位置是否支持拖放功能，如图 4-16 所示。

在 WinCC flexible 中，可以用鼠标右键单击任意对象以打开快捷菜单。快捷菜单包含了可以在相关状况下执行的命令，如图 4-17 所示。

图 4-17 快捷菜单所包含的执行命令

2. 键盘的操作

WinCC flexible 不仅提供了许多组合键用于执行常用的菜单命令，还集成了所有的 Windows 标准组合键，使用组合键可提高组态效率。菜单显示了是否有相关命令的组合键和组合键的内容。表 4 – 2 列出了 WinCC flexible 中常用的组合键。

表 4 – 2　WinCC flexible 中常用的组合键

组合键	功能
"Ctrl + Tab" / "Ctrl + Shift + Tab"	激活工作区域中的下一个/上一个标签页
"Ctrl + F4"	关闭工作区域中激活的视图
"Ctrl + C"	将选定的对象复制到剪贴板
"Ctrl + X"	剪切对象并将共复制到剪贴板
"Ctrl + V"	插入存储在剪贴板中的对象
"Ctrl + F"	打开"查找和替换"对话框
"Ctrl + A"	选择激活区域中的所有对象
"Esc"	取消操作

窗口和工具栏上的控制元素与 WinCC flexible 的其他视图类似，可单击右上角的按钮显示或隐藏项目视图以调整可视区域。WinCC flexible 允许自定义窗口和工具栏的布局。为改善显示效果，可使用 WinCC flexible 的窗口和工具栏上的控制元素来移动、隐藏、关闭、删除或添加窗口和工具栏对象。执行菜单命令"视图"→"重新设置布局"可将窗口和工具栏的布局恢复到缺省状态。表 4 – 3 列出了窗口和工具栏的操作元素及其用途。

表 4 – 3　窗口和工具栏的操作元素及其用途

控制元素	功能	使用要求
⊗	关闭窗口或工具栏	窗口和工具栏（可移动）
项目 ●●⊗	通过拖放来移动和停放窗口和工具栏	窗口和工具栏（可移动）
▮	通过拖放来移动工具栏	工具栏（已停放）
▼	添加或删除工具栏图标	工具栏（已停放）
●	激活窗口的自动隐藏模式	窗口（已停放）
●	禁用窗口的自动隐藏模式	窗口（已停放）

🔄 本章小结

本章主要介绍了 WinCC flexible 组态软件的特点、组件、用户界面。

（1）WinCC flexible 具有强大的组态功能，支持 TIA（西门子的全集成自动化），可以与西门子的 STEP 7 V5.3、iMapV2.0 和 Scout 集成在一起，具有优良的开放性和扩展性，简单，高效，易于上手；提供智能化的向导工具；图库和操作对象丰富，供用户使用，支持用户自定义对象；强大的通信组态功能，支持多种通信类型。

（2）WinCC flexible 的组件主要包括工程系统和运行系统。

（3）WinCC flexible 的安装和启动需要配套的操作系统和内存支持。

（4）WinCC flexible 用户界面主要包括菜单栏和工具栏、工作区域、项目视图、属性视图、工具窗口、库、输出视图和对象视图。WinCC flexible 用户界面的操作主要包括鼠标的操作和键盘的操作。

思考与练习

4-1 WinCC flexible 组态软件的主要特点有哪些？

4-2 WinCC flexible 用户界面主要包括哪些内容？

第 5 章

项目与画面的组态

5.1　创建项目

5.1.1　新建一个项目

利用向导可以很方便地创建一个项目并设置该项目的属性。同样，可以通过新建一个项目来创建一个具有默认属性设置的新项目，具体方法如下：

如果已启动 WinCC flexible，选择"项目"→"新建"命令或直接单击工具栏的"新建"按钮，将出现"设备选择"窗口，选择项目所需要的人机界面设备，单击"确定"按钮，稍等片刻，所创建的项目被打开。如果是刚启动 WinCC flexible，在首页中选择"创建一个空项目"命令，其余与以上新建项目的操作步骤相同，即可新建一个项目。

5.1.2　创建多用户项目

如果使用多个人机界面设备对系统进行操作，则可使用 WinCC flexible 创建一个可在其中对多个人机界面设备进行组态的项目，这种项目称为多用户项目。

例如，当从多个不同的地方操作某系统时，可选择创建多用户项目。可在项目中使用公共对象，这种方法不仅无须为每个单独的人机界面设备创建项目，而且可在同一个项目中对所有人机界面设备进行管理。

创建多用户项目的具体操作如下：

打开一个创建好的项目，如图 5-1 所示。

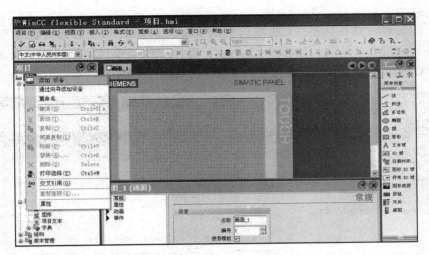

图5-1　打开一个创建好的项目

在左侧的项目视图中，用鼠标右键单击项目名称，在弹出的快捷菜单中选择"添加设备"命令，将出现"设备选择"窗口，如图5-2所示。

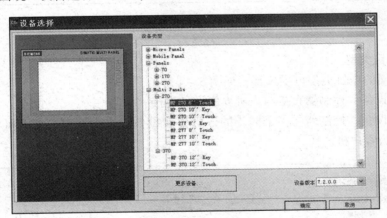

图5-2　选择设备类型

选择所需要添加的人机界面设备，单击"确定"按钮，则在左侧的项目视图中出现一个新的人机界面设备菜单，其子菜单包含该设备支持的各个组成部分——画面、通信、配方等，双击这些条目即可打开相应的编辑窗口，从而对所建项目中该人机界面设备的详细属性进行设置。也可以在项目窗口的左侧项目视图中，用鼠标右键单击项目名称，在弹出的快捷菜单中选择"通过向导添加设备"命令，将出现"HMI设备和控制器及其连接方式"选择界面，然后利用项目向导创建项目。

5.1.3　利用项目向导创建项目

如果已启动WinCC flexible，选择"项目"→"通过项目向导新建项目"命令启动项目向导。

如果未启动 WinCC flexible，双击桌面上的 WinCC flexible 快捷方式来启动 WinCC flexible，在首页将出现 5 个选项，如图 5 – 3 所示，选择"使用项目向导创建一个新项目"选项，然后可以在向导的指引下设置所要创建项目的属性。

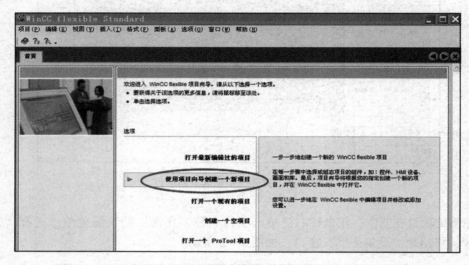

图 5 – 3   项目创建向导

1. 选择项目类型

有 5 种不同的项目类型可供选择，如图 5 – 4 所示。

（1）小型设备：控制器直接与人机界面设备连接。

（2）大型设备：控制器与多个同步的人机界面设备相连，其中一个人机界面设备为服务器，其余的为客户机。

图 5 – 4   选择项目类型

（3）分布式操作：控制中心的控制器与多个各自带有一个人机界面设备的控制器连接，所有的人机界面设备同步并具有相同的属性。

（4）控制中心和本地操作：控制器与本地和控制中心的人机界面设备连接，本地人机界面设备只提供有限的操作可能。

（5）Sm@ rtClient：两个人机界面设备连接，其中一个为服务器，另一个为客户端。

2. 选择人机界面设备和控制器的型号及其连接方式

下面以选择小型设备为例，进一步介绍项目属性的设置，单击右下方的"下一步"按钮，进入选择设备和控制器界面，如图 5 - 5 所示。

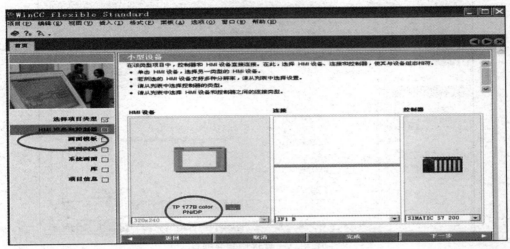

图 5 - 5　选择人机界面设备和控制器

3. 选择人机界面设备

单击图 5 - 5 所示界面中左侧栏"人机界面设备"中间的人机界面设备图标，将弹出"设备选择"窗口，选择项目所需的人机界面设备（以 TP 177B color PN/DN 为例），如图 5 - 6 所示。单击"确定"按钮返回"设备选择"窗口。

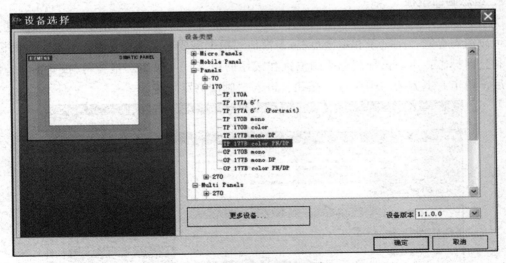

图 5 - 6　选择人机界面设备

4. 选择控制器型号

如图 5 - 7 所示，单击右侧栏"控制器"下方的下拉列表按钮，在弹出的下拉列表中选择所选人机界面设备所要连接的控制器类型（以 SMATIC S7 200 为例）。

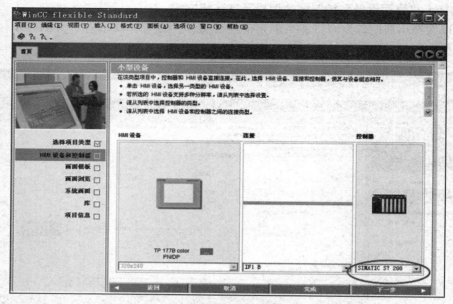

图 5 – 7　选择控制器型号

人机界面设备型号和控制器型号选择完毕后，单击中间栏"连接"下方的下拉列表按钮，在弹出的下拉列表中将出现所选的人机界面设备和控制器之间可用的连接方式（本例中有两种可用连接：IF1B、ETHERNET），选择所要采用的连接方式（以 IF1B 为例）。完成选择后，单击右下方的"下一步"按钮，进入"画面模板"界面。

5. 组态画面模板

"画面模板"界面如图 5 – 8 所示。画面模板是所有项目画面共用的一个模板。通过该向导可以组态标题、浏览条和报警行/报警窗口。根据需要可以选择是否需要显示画面标题、日期和公司标志；可以选择浏览条的位置和按钮的组态；可以组态报警行/报警窗口。组态完毕后，单击右下方的"下一步"按钮，进入"画面浏览"界面。

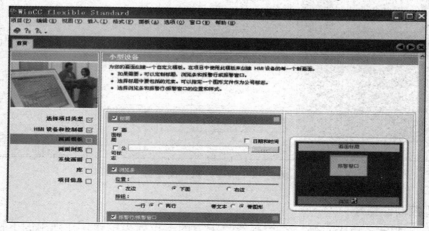

图 5 – 8　组态画面模板

6. 组态画面浏览

"画面浏览"界面如图5-9所示，可以选择组成画面的数目和每个组成画面所包含详细画面的数目。选择完毕后，右侧将出现相应的树状图，形象地展示出各个画面之间的关系。单击右下方的"下一步"按钮，进入"系统画面"界面。

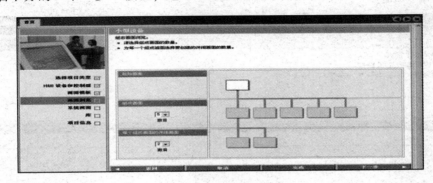

图5-9　组态画面浏览

7. 组态系统画面

"系统画面"界面如图5-10所示。系统画面包括语言切换、系统诊断、用户管理、项目信息、系统信息、系统设置等画面。单击左侧的复选框，可以添加所需要的系统画面；单击上方的复选框"系统画面的根画面"可以为所选系统画面设置一个根画面；单击上方的复选框"所有的系统画面"可以一次性选择所有系统画面。选择完毕后，单击右下方的"下一步"按钮，进入"库"界面。

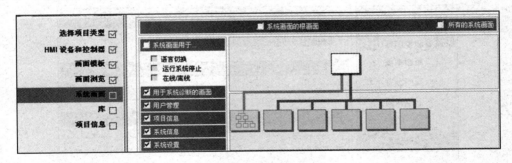

图5-10　组态系统画面

8. 选择库

库是工具窗口的元素，是用于存储常用对象的中央数据库。只需对库中存储的对象组态一次，便可以任意多次重复使用。始终可以通过多次使用或重复使用对象模板来添加画面对象，从而提高编程效率。"库"界面如图5-11所示，左侧栏"可用的库"中出现可供选择的库，右侧栏"选择的库"中出现用户已选择的库。

单击左侧栏"可用的库"中的一个库，然后单击中间栏的"右箭头"按钮，可将该库选择到右侧栏"选择的库"中，供用户在项目中使用；也可以单击右侧栏"选择的库"中的一个库，然后单击中间栏的"左箭头"按钮，将该库从右侧栏"选择的库"中删除，用户在项目中将不能再使用该库。选择完毕后，单击右下方的"下一步"按钮，进入"项目信息"界面。

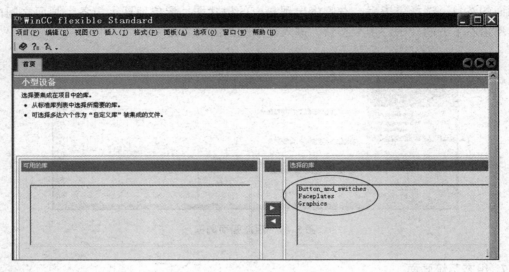

图 5 – 11　选择库

9. 组态项目信息

"项目信息"界面如图 5 – 12 所示。通过该向导用户可以添加项目名称、项目作者、创建日期以及该项目的注释。

图 5 – 12　组态项目信息

按向导组态完毕后，单击"完成"按钮，稍等片刻，所创建的项目被打开，出现项目窗口（图 5 – 13）。

在左侧的项目视图中，包含所创建项目人机界面设备的各个组成部分：画面、通讯、报警管理、配方、历史数据、脚本以及报表等；双击每个组成部分下方的条目即可在窗口中的工作区域打开该条目的编辑窗口；在右侧的工具窗口中，包含了项目的简单对象、增强对象、图形和库。

注意：不必完全按照项目向导的所有步骤进行项目的创建和属性设置，在项目向导中的任何一步单击"完成"按钮，均可创建一个项目，并且该项目被打开，该项目未设置的属性均为默认属性设置，在该项目的项目窗口中，可以重新编辑和设置该项目的各个属性。

5.2 画面的创建

5.2.1 新建画面

画面是项目的主要元素，通过画面可以操作和监视系统，画面是真正实现人机交互的桥梁。人机界面用可视化的画面对象反映实际的工业生产过程，也可以在画面中修改工业现场的过程设定值。创建一个新画面的具体步骤如下：

（1）在打开的项目窗口中，在左侧的项目视图中选择"画面"组；

（2）双击快捷菜单中的"新建画面"命令，画面在项目中生成并出现在项目窗口中间的工作区域，画面属性显示在下方的属性视图中，如图 5 – 13 所示。

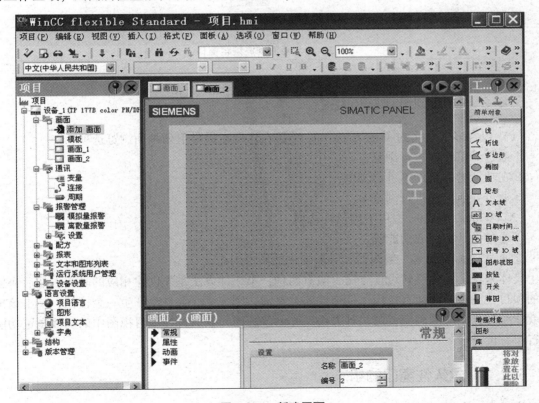

图 5 – 13 新建画面

可以根据需要在属性视图中自定义画面：在"常规"组中，可以更改画面的名称，选择是否使用模板，设置画面的"背景色"和"编号"；在"属性"组中，可以选择"层"

来定义可见层，可以选择"帮助"来存储记录的操作员注释；在"动画"组中，可以选择动态画面更新；在"事件"组中，可以定义调用和退出画面时要在运行系统中执行哪些功能。

此外，还有两种方法可以创建一个新画面，具体如下：

（1）单击工具栏中"新建"右侧的下箭头，在弹出的快捷菜单中选择"画面"选项，将生成一个新画面并出现在项目窗口中间的工作区域，其属性设置如前所述。

（2）在打开的项目窗口左侧的项目视图中选择"设备设置"组，在快捷菜单中双击"画面浏览"命令，将弹出图 5 – 14 所示的画面浏览编辑窗口，用鼠标右键单击某一个画面，在弹出的快捷菜单中选择"新画面"选项，可以很简单地为该画面创建一个子画面，其属性设置如前所述。

图 5 – 14　画面浏览编辑窗口

5.2.2　画面浏览功能的组态

（1）包含多个画面的 WinCC flexible 项目在运行时提供下列画面浏览选项：

①通过浏览按钮进行浏览；

②在功能键的帮助下进行浏览；

③通过导航控件进行浏览。

（2）WinCC flexible 提供下列设计选项：

①通过设计按钮或功能键；

②通过"画面浏览"编辑器和导航控件的图形组态。

具体来说，画面跳转设计方法一般有两种：第一种方法是先创建相应的画面，然后将创建的项目视图中的画面直接用鼠标拖放到某页面，则该页面会自动产生一个按钮，单击该按钮就能跳转到相应的画面；第二种方法是先创建画面，然后打开项目视图中的画面浏览功能进行组态设计。

5.2.3　永久性窗口的组态

将任意一个画面顶部的粗线往下拖动，粗线上面为永久性窗口。永久性窗口中的对象在所有画面中出现，运行时不会出现分隔永久性窗口中的水平线，可以在任意一个画面中对永久性窗口中的对象进行修改。永久性窗口可以组态如公司的 logo、项目名称和报警指示器等重要的信息。

5.3 变量的组态与生成

5.3.1 变量的分类

变量分为外部变量和内部变量。外部变量是 PLC 中所定义的存储单元的映像，其值随着 PLC 程序的执行而改变。每个变量都有一个符号名和数据类型，可以在人机界面设备和 PLC 中访问外部变量。由于外部变量是在 PLC 中定义的存储单元的映像，因此它能采用的数据类型取决于与人机界面设备相连的 PLC。如果在集成的 STEP 7 或 SIMOTION Scout 中进行组态，则当创建外部变量时，可以直接访问在 PLC 编程期间用 STEP 7 或 SIMOTION Scout 创建的所有变量。

内部变量不与 PLC 连接。内部变量存储在人机界面设备的内存中。因此，只有这台人机界面设备能够对内部变量进行读写访问。例如，用户可以创建内部变量用于执行本地计算。可以为内部变量使用所有的基本数据类型，变量的基本数据类型见表 5 – 1。

表 5 – 1 变量的基本数据类型

数据类型	符号	位数/bit	取值范围
字符	Char	8	—
字节	Byte	8	0 ~ 255
有符号整数	Int	16	− 32 768 ~ + 32 767
无符号整数	Uint	16	0 ~ 65 535
长整数	Long	32	− 2 147 483 648 ~ 2 147 483 648
无符号长整数	Ulong	32	0 ~ 4 294 967 295
浮点数（实数）	Float	32	$1.175\ 495 \times 10^{-38}$ ~ $3.402\ 823 \times 10^{-38}$
双精度浮点数	Double	64	—
布尔（位）变量	Bool	1	True（1）、False（0）
字符串	String	—	—
日期时间	Date Time	64	日期/时间值

5.3.2 变量的组态

基本数据类型可用于所有变量的组态，但每一个变量只能根据实际情况具有唯一的数据类型。比如电动机"启动"按钮所对应的变量只能是布尔型变量。此外，也可以针对所连接的 PLC 专门设计外部变量的其他数据类型。

在 WinCC flexible 中，可为每个变量组态一些特定的属性，主要包括以下内容。

1. 名称

可以为每个变量选择一个名称，但请注意，名称在此变量文件夹内只能出现一次。

2. 至 PLC 的连接和变量的记录周期

对于外部变量，必须指定与人机界面设备相连的 PLC，因为这些变量代表 PLC 中的内存单元。变量的可用数据类型及其在 PLC 内存中的地址均取决于 PLC 的类型。此外，必须指定隔多长时间对变量更新一次。

3. 数据类型和长度

变量的数据类型确定将在变量中存储哪些类型的值、这些值在变量内部如何保存以及变量可拥有的最大数值范围。数据类型的两个简单实例就是用于保存整数的 Int 或用于保存字符串的 String。用户可以在数据类型为整型的变量值中输入零。对于类型为 String 或 String-Char 的文本变量，也可以以字节为单位设置变量的长度。对于所有其他数据类型，长度的值固定。

4. 数组计数

可以将许多相同类型的数组元素组成变量。数组元素保存在连续的内存单元中。

数组变量主要用于使用大量相同数据形式的情况，例如用于曲线缓冲区或定义配方。

5. 注释

可以为每个变量输入注释，以便为项目提供更精确的文档。

6. 限制值

可以为每个变量指定包含上限范围和下限范围的数值范围。如果过程值（应存储在变量中）达到了其中一个限制范围，则可以发出报警消息。如果过程值高于数值范围，则执行用于发送消息的函数列表。

7. 起始值

可以为每个变量组态一个起始值。运行系统启动时变量将被设置为该值。采用这种方式，可以确保项目在每次启动时均以所定义的状态开始。

8. 采集周期

采集周期确定人机界面设备将在何时读取外部变量的过程值。通常，只要变量在过程画面中显示或进行记录，数值就将定期进行更新。定期更新的时间间隔由采集周期进行设置。既可以采用缺省采集周期，也可以设置一个用户自定义周期。外部变量也可以不借助过程画面中的显示进行更新，例如，通过触发一个用于变量功能的值改变。请注意，频繁的读操作将导致通信负载的增加。

9. 线性转换

可以组态数字数据类型的线性转换。PLC 中用于外部变量的数据可以被映射到 WinCC flexible 项目中的特定数值范围。

例如，用户输入以厘米为单位的长度尺寸，但控制器期望输入英寸值。输入的值在传送到控制器之前自动进行转换。使用线性转换，PLC 上的数值范围 [0, 100] 可以映射到人机界面设备上的数值范围 [0, 254]。

5.3.3 变量的生成

可以用项目视图中的变量编辑器创建和编辑变量。

在打开的项目窗口中，双击左侧"项目视图"中"通讯"组下方的"变量"图标，在工作区域将打开图 5 – 15 所示的变量编辑器。

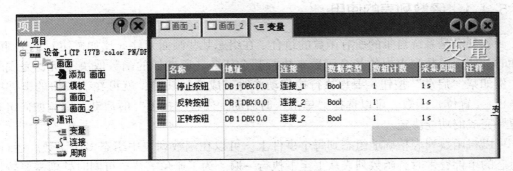

图 5 – 15 变量编辑器

所打开项目中所有的变量将显示在变量编辑器中，变量编辑器的表格中包括的变量属性有名称、连接、数据类型、地址、数组计数、采集周期和注释，可以在变量编辑器的表格中或在表格下方的属性视图中编辑变量的这些属性，如图 5 – 16 所示。

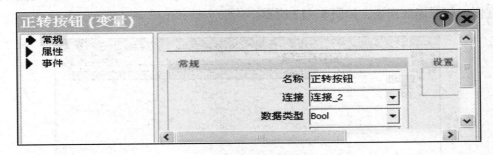

图 5 – 16 组态变量的连接

用鼠标左键双击编辑器中变量表格最下方的空白行，将会自动生成一个新的变量，变量的参数与上一行变量的参数基本相同，其名称和地址与上面一行的地址和变量按顺序排列。例如，原来最后一行的变量名称为"变量_5"，地址为 VW8 时，新生成的变量的名称为"变量_6"，地址为 VW10。

单击变量表格中的"连接"列单元右侧的下箭头，可以选择"连接_1"（控制器的名称，表示变量来自 PLC 存储器）或"内部变量"（表示变量来自人机界面设备存储器）；单击变量表的"数据类型"列单元，可在弹出的选择框中选择变量的数据类型，可供选择的数据类型随所选的连接类型的不同有所不同。用相同的方法可以组态变量的其他属性。

5.4　函数列表的使用和常用函数简介

5.4.1　函数列表的使用

函数列表是系统自带的所有函数的组合。在组态某些画面元件（比如按钮）的"事件"属性时，调用函数列表中的某个函数来执行某个任务。所选择的函数取决于所要完成的功能。例如某"启动"按钮，要想执行按钮动作时完成启动功能，就可在该按钮的事件中添加 Setbit（置位）函数。可以选择"单击"时启动，或者"按下"时启动，究竟如何组态由按钮要完成的功能决定。

可以将函数列表精确地组态到每个事件上。可以在函数列表中组态多个函数。运行时，当组态的事件发生时，函数列表从上至下执行一遍。为了避免等待，可同时处理需要较长的运行时间的系统函数（例如文件操作）。即使前一个系统函数还未完成，后一个系统函数也可以先被执行。

1. 函数列表

在 WinCC flexible 中，若需要为对象组态函数列表，则打开包含该对象的编辑器，使用鼠标选择对象。在属性视图中，单击需要在其中组态函数列表的"事件"组中的事件。在属性视图中打开函数列表，如图 5-17 所示。

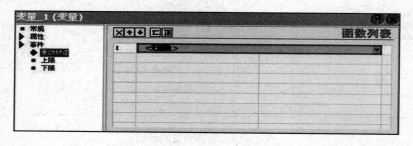

图 5-17　WinCC flexible 的变量函数组态

2. 系统函数

如果没有为对象组态任何函数，在函数列表的第一行将显示"无函数"，单击"无函数"域，显示选择按钮。使用选择按钮打开可用系统函数的列表。系统函数根据类别排列在选择列表中。

选择所需的系统函数，如图 5-18 所示。

3. 参数

如果该系统函数需要参数，那么在选择了系统函数后，"无值"条目将显示在下一列。单击"无值"域，显示选择按钮，使用选择按钮打开对象列表并选择所需的参数，如图 5-19 所示。

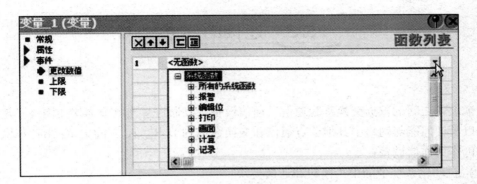

图5-18 WinCC flexible 变量系统函数的选择

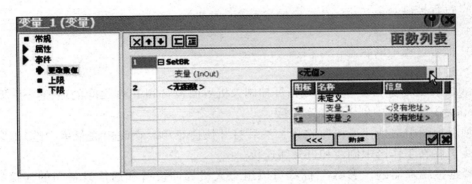

图5-19 WinCC flexible 组态软件变量函数参数的选择

4. 脚本顺序

在函数列表中组态函数。根据需要组态其他函数。使用按钮⬇和⬆改变所组态函数脚本的顺序。选择一个函数，通过单击箭头按钮将它向上或向下移动。要删除一个函数，则选中该函数并按 Del 键。

5.4.2 常用函数简介

组态中常用到的函数主要包括：

（1）setbit：该函数主要用来给某布尔变量置位。

（2）resetbit：该函数主要用来给某布尔变量复位。

（3）increasevalue：该函数主要用来增加某变量的值。

（4）decreasevalue：该函数主要用来减小某变量的值。

（5）logoff：用户登录。

（6）showdialog：弹出登录对话框。

（7）activatescreen：激活某页面。

（8）invertbit：该函数主要用来对某布尔变量进行取反操作。

5.5 连接的建立

两个设备之间的数据交换称为通信。通信设备可以通过直连电缆连接或网络互连。通信设备可以是任何能与网络中其他节点通信和交换数据的节点。在 WinCC flexible 环境中，下列节点可作为通信设备：

（1）自动化系统中的中央模块和通信模块；

（2）PC 中的人机界面设备和通信处理器。

通信设备间传送的数据可以用于不同用途：

（1）过程控制；

（2）过程数据采集；

（3）报告过程中的状态；

（4）过程数据记录。

WinCC flexible 通过变量和区域指针控制人机界面设备和 PLC 之间的通信。可以在连接（Connections）编辑器中创建和组态连接。

在项目视图中选择"连接"选项，然后打开快捷菜单。在此快捷菜单中选择"新建连接"命令，将在工作区中创建和打开新连接。

选择连接编辑器的"参数"标签可以组态人机界面设备和通信设备间的连接的属性。通信设备在"参数"标签中以示意图形式显示。此标签提供"人机界面设备"（HMI device）、"网络"（Network）和"PLC"区域，在这些区域中，可以声明所用的相关接口的参数。系统设置为默认参数。每当编辑参数时，都务必确保网络的一致性。连接参数的组态界面如图 5-20 所示。

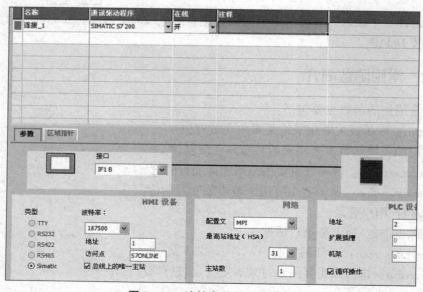

图 5-20 连接参数的组态界面

5.6 综合技能训练：电动机点动控制、连续运行 以及正反转运行的人机界面组态

操作步骤如下：

（1）创建一个空项目。

（2）将打开的默认的初始画面修改为电动机控制画面。

（3）生成一个电动机启动和停止变量，并进行变量的属性组态。

（4）建立连接。

（5）组态"点动"按钮，要求按下按钮时电动机指示灯是亮的，松开按钮时指示灯灭。

（6）组态连续运行的"启动""停止"按钮和相应的指示灯，并按照要求亮/灭。

（7）组态正转"启动"按钮、反转"启动"按钮和"停止"按钮以及正转指示灯和反转指示灯，并模拟运行。

电动机运行的组态示例如图5-21所示。

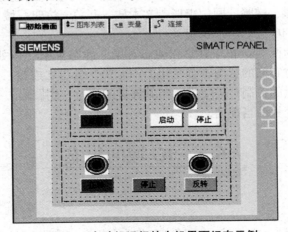

图5-21 电动机运行的人机界面组态示例

本章小结

本章主要介绍了创建项目和新建画面的方法、变量的组态与生成、连接的建立以及函数列表的使用，最后用一个实例对以上内容进行应用。

思考与练习

5-1 如何区分一个变量是外部变量还是内部变量？

5-2 创建项目的方法有哪些？

5-3 如何创建永久性窗口？

5-4 常用的函数有哪些？其主要功能是什么？

第 6 章

画面对象的组态

WinCC flexible 运行系统提供了一系列画面对象，用于操作和监视。这些画面对象主要包括线、折线、多边形、椭圆、圆、矩形、文本域、开关、按钮、域、矢量对象、面板、IO域，符号 IO 域、图形 IO 域、图形视图等。

画面对象可以分为两类：静态对象和动态对象。静态对象（例如文本或图形对象）用于静态显示，在运行时它们的状态不会变化，不需要变量与之连接，它们不能由 PLC 更新。动态对象的状态受变量的控制，需要设置与其连接的变量，用图形、字符、数字趋势图和棒图等画面对象来显示变量的当前值。

6.1　IO 域的组态

"域"包括以下几种：文本域、IO 域、日期/时间域、图形 IO 域和符号 IO 域。

（1）文本域：用于输入一行或多行文本，可以自定义字体和字的颜色，还可以为文本域添加背景色或样式；

（2）IO 域：用来输入并显示过程值；

（3）日期/时间域：显示系统时间和系统日期，日期/时间域的布局取决于人机界面设备中设置的语言；

（4）图形 IO 域：用来组态图形文件的显示和选择列表；

（5）符号 IO 域：用来组态运行时用于显示和选择文本的选择列表。

6.1.1　IO 域的分类

"I"是输入（Input）的简称，"O"是输出（Output）的简称，输入域与输出域统称为

IO 域。IO 域分为 3 种模式，分别为输出域、输入域和输入/输出域。

6.1.2　IO 域的生成

有两种方法可以生成一个域：一种方法是单击项目窗口右侧工具窗口的"简单对象"组中的某一个域，鼠标移动到画面编辑窗口时变为"＋"符号，在画面上需要生成域的区域再次单击鼠标左键，即可在该位置生成一个域；另一种方法是单击右侧工具窗口的"简单对象"组中的某个域并按住鼠标左键不放，将其拖放到中间画面编辑窗口中画面上的合适位置，即可生成一个域。

6.1.3　IO 域的组态

1. IO 域的"常规"组态

画面对象的"常规"组态一般是对所组态对象的名称、所连接的变量和模式等进行组态。

在所需要的域生成之后，单击该域，在工作区域下方将出现该域的属性视图。单击属性视图中的"常规"选项，便会弹出图 6－1 所示的对话框。

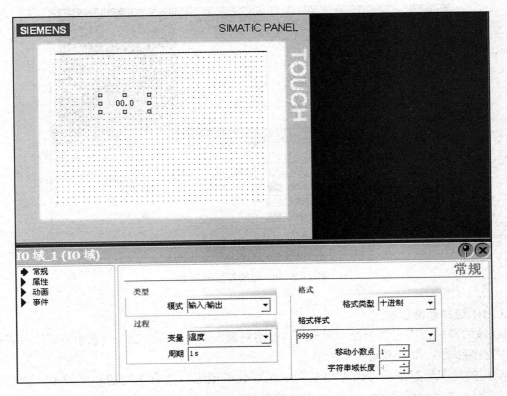

图 6－1　IO 域的常规组态

例如需要显示某温度变量的当前值，可以组态某 IO 域，如图 6－1 所示。IO 域的类型主要包括输入域、输出域和输入/输出域。如果该域是输入域类型，则指在该域可以输入变量的值；如果该域是输出域类型，则表示该域只能输出所连接的变量的值，即被动显示所连接的变量的值；如果该域是输入/输出域类型，则表示该域既可作为输入域，也可作为输出域。

域的格式类型指该域显示的数字是二进制、十进制、十六进制，还是日期或者日期/时间，格式样式是组态该域最大能显示的数据位数，移动小数点的位数是指变量的当前值在显示时会向左移动几位小数。

2. IO 域的属性组态

单击 IO 域的属性视图中的"属性"选项，弹出图 6－2 所示对话框。IO 域的属性包括"外观""布局""文本""闪烁""限制""其它"和"安全"的组态。其中"外观"主要是组态 IO 域的外观式样，包括文本颜色、IO 域的背景色和填充样式。"布局"是指 IO 域的位置、大小和边距，也可以选择自动调整大小的模式。"文本"主要是指 IO 域内的文本字体的样式和对齐方式。在页面的坐标位置，"闪烁"是指运行时该 IO 域是否具有闪烁效果。"限制"是指 IO 域所连接的变量分别达到上限和下限时 IO 域的填充色。"其它"是指 IO 域的名称和其所在"层"。"安全"是指 IO 域在系统运行时有无使用权限，如果有，那么改变 IO 域的值时需要用户信息认证。

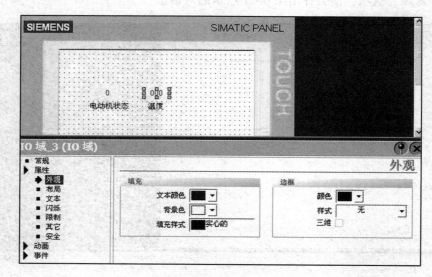

图 6－2　IO 域的属性的组态

3. IO 域的动画组态

IO 域的动画组态主要包括"外观""启用对象""对角线移动""水平移动""垂直移动""直接移动"和"可见性"的组态。

动画的外观组态是指可以启用某变量在某数值范围内具有不同的动画效果。例如组态图 6－3 所示的动画的外观，可以启用位移变量。在位移变量的值在 0～100 区间内时，该 IO 域的背景色为绿色，当位移变量的值不在此区间内时显示正常的白色，效果如图 6－4 所示。当位移变量的值为 40 时，温度 IO 域的颜色为绿色，效果如图 6－4 所示。若位移变量的值不在 0～100 区间内，则温度 IO 域的颜色为白色，效果如图 6-5 所示。

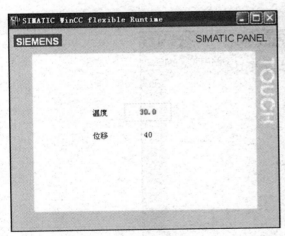

图 6-3　IO 域动画的外观组态

图 6-4　IO 域动画的外观组态效果（1）　　　图 6-5　IO 域动画的外观组态效果（2）

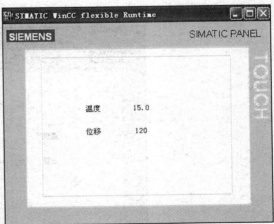

　　对角线移动、水平移动、垂直移动和直接移动的动画效果同样是启用某变量，在该变量的某取值范围内进行对角线移动、水平移动、垂直移动和直接移动的效果展示。下面以 IO 域的水平移动为例，介绍水平移动动画效果的组态方法和仿真效果，如图 6-6 和图 6-7 所示。

　　可见性是指可以启用某变量在某数值范围内该 IO 域可见或不可见。例如当变量位移的

101

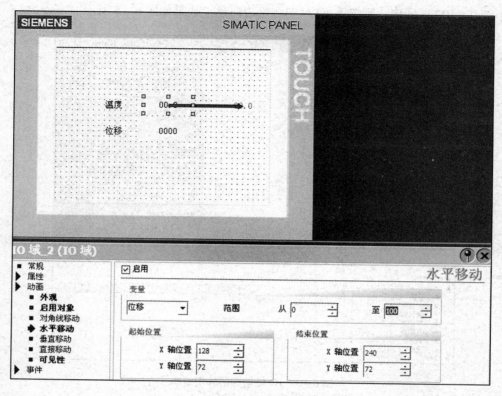

图 6-6　IO 域水平移动动画效果的组态

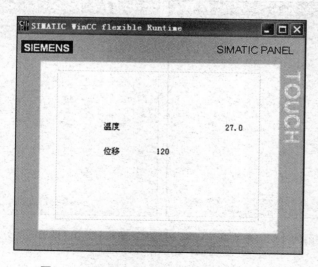

图 6-7　IO 域水平移动的动画效果组态效果

值在 0~100 区间内时，该 IO 域隐藏；在变量位移的值不在 0~100 区间内时，该 IO 域可见
（如图 6-8 和图 6-9 所示）。动画的启用对象组态和可见性组态基本相似，这里不再赘述。

图 6-8　IO 域动画的可见性组态

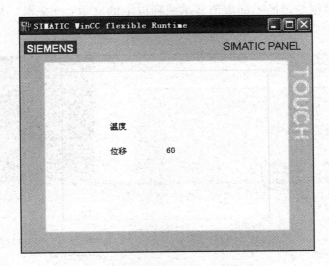

图 6-9　IO 域动画的可见性组态效果

6.2　按钮的组态

按钮是人机界面设备屏幕上的虚拟键，具有一项或多项功能。按钮与接在 PLC 输入端的物理按钮的功能相同，主要用来给 PLC 提供开关量输入信号，通过 PLC 的用户程序来控制生产过程。单击工具窗口中的"简单对象"组，出现常见的画面元件图标。将其中的按钮图标拖放到画面中，拖动的过程中鼠标的光标变成十字形，按钮图标跟随十字形光标一起移动，十字形光标的中心在画面中的 x 轴、y 轴的坐标和按钮的宽、高尺寸也跟随十字形光标一起移动。

6.2.1　按钮的"常规"的组态

在工具窗口的简单工具列中找到"按钮"，将其拖动到组态软件的工作区域。按钮的常规组态和 IO 域的常规组态基本类似，不同的是按钮的常规组态中的"按钮模式"可以设置为"文本""图形""不可见"3 种模式。

（1）文本：按钮的当前状态通过文本标签显示。

（2）图形：按钮的当前状态通过图形显示。

（3）不可见：按钮在运行期间处于隐藏状态，不可见。

"文本"模式的按钮用于 Bool 变量（开关量）的组态方法。文本显示样式有"OFF"状态文本和"ON"状态文本两种。利用"OFF"状态文本，可指定在按钮处于关闭状态时显示的文本。如果启用"ON"状态文本，则指定按钮处于打开状态时显示的文本。

"文本"模式的按钮还可以用"文本列表"来显示。组态"文本"模式的按钮时，用"文本"和"文本列表"的区别为"文本"只能显示关闭和打开两种状态的文本，而"文本列表"可以根据变量的不同取值显示两种以上的文本。"文本"模式的按钮组态如图 6-10 所示。

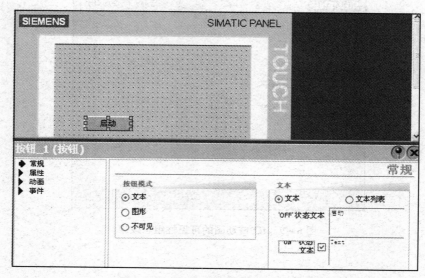

图 6-10 "文本"模式的按钮组态

"图形"模式的按钮也有两种："图形"和"图形列表"。

（1）图形：利用关闭状态图形，可指定在按钮处于关闭状态时显示的图形。如果启用打开状态，则可指定按钮处于打开状态时显示的图形。

（2）图形列表：按钮的图形可以显示两种以上，因此所连接的过程变量不能为布尔类型的变量。组态效果示意如图 6-11 所示，国旗可以显示系列图形，即图形列表。

6.2.2　按钮的属性组态

按钮的属性组态主要是组态按钮的"外观""布局""文本""闪烁""其它"以及"安全"，如图 6-12 所示。其组态方法和 IO 域类似，这里不再赘述。

6.2.3　按钮的动画组态

在"动画"组中，可以组态按钮的"外观""启用对象""对角线移动""水平移动""垂直移动""直接移动"和"可见性"等。其组态方法与 IO 域类似，这里不再赘述。

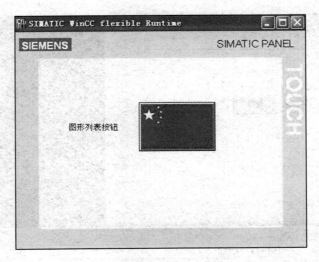

图 6 – 11　图形列表按钮组态效果图

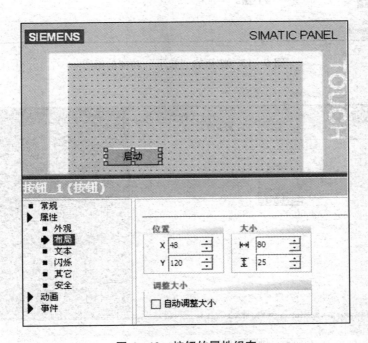

图 6 – 12　按钮的属性组态

6.2.4　按钮的事件组态

在"事件"组中，可以组态按钮在被单击、按下、释放、激活和取消激活以及更改等状态时所触发和激活的事件。下面以"按下"和"释放"为例介绍按钮的事件组态方法。

在组态按钮之前必须考虑清楚按钮要完成的功能。例如要组态电动机"点动"按钮，即在按钮按下时接通电路，释放按钮时断开电路，组态方法如图 6 – 13 和图 6 – 14 所示。

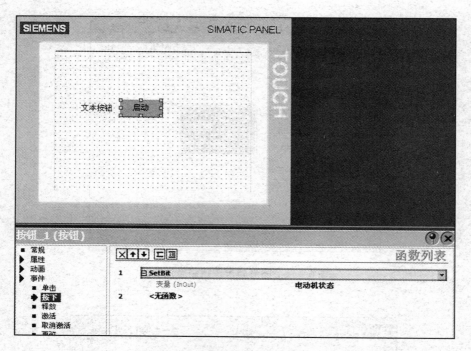

图6-13 按钮的"按下"功能的组态

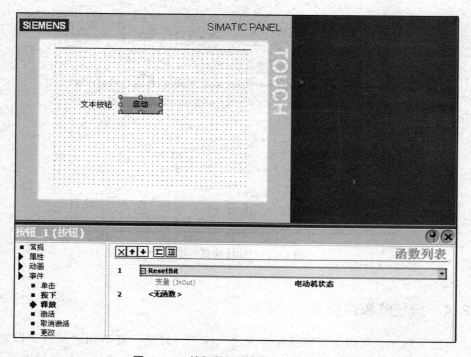

图6-14 按钮的"释放"功能的组态

6.2.5　技能实训：各种按钮的生成与组态

按钮按照模式类型可以分为文本按钮、图形按钮和不可见按钮。为某控制系统组态一个文本按钮，要求单击该按钮时显示文本为"停止"，释放该按钮时显示文本为"启动"；组态一个图形按钮，单击该按钮时在两种图形之间切换；组态一个文本列表按钮，在单击该按钮时陆续显示一首唐诗；组态一个图形列表按钮，在单击该按钮时陆续显示系列图形。组态效果如图 6 - 15 所示。

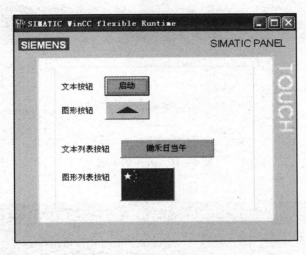

图 6 - 15　按钮组态效果

6.3　开关的组态

"开关"对象用于组态开关，以便在系统运行期间在两种预定义的状态之间进行切换，可通过标签或图形符号将"开关"对象的当前状态可视化。

6.3.1　开关的生成与开关的常规组态

开关的生成与前面介绍的 IO 域的生成类似，其组态也是在工作区域下方的属性视图中进行，如图 6 - 16 所示。在属性视图中"常规"组的"设置"区域可以设置开关的格式。

有 3 种开关格式可供选择：

（1）"切换"格式：开关的两种状态均按开关的形式显示，如图 6 - 16 所示。

（2）通过文本切换的开关：该开关的显示图形和按钮的外观相似，但属性不同。通过文本切换的开关如图 6 - 17 所示。通过文本切换的开关的当前状态通过文本标签显示。

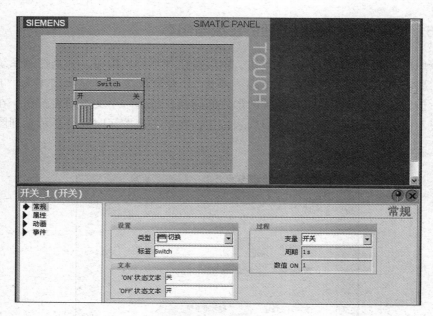

图 6 – 16　开关的组态

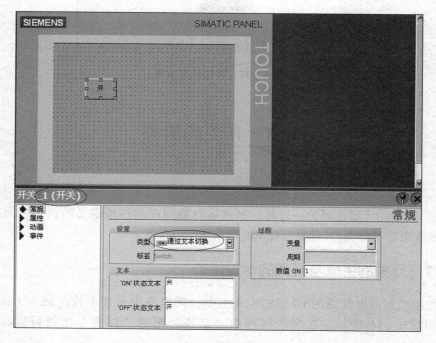

图 6 – 17　通过文本切换的开关

（3）通过图形切换的开关：该开关显示为一个按钮。其当前状态通过图形显示，在运行期间单击相应按钮即可启动开关，如图 6 – 18 所示。

开关的位置指示当前状态，在运行期间通过滑动开关来改变状态。

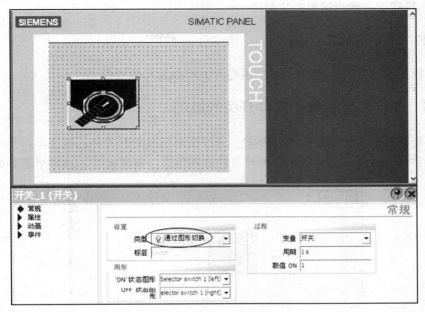

图 6 – 18 通过图形切换的开关

"开关"格式选择完毕后,在属性视图中的"常规"组中还可以详细组态开关的其他属性,如开关的变量、外观、文本格式和功能等。可以设置切换开关和通过文本切换的开关的打开状态的文本以及关闭状态的文本,设置通过图形切换的开关的打开状态的图形和关闭状态的图形。

6.3.2 开关的属性组态

在属性视图中的"属性"组中还可以组态开关的"外观""布局""文本格式""闪烁""限制""其它""安全"等,然后根据需要逐项设置,最后完成开关的属性组态,如图 6 – 19 所示。

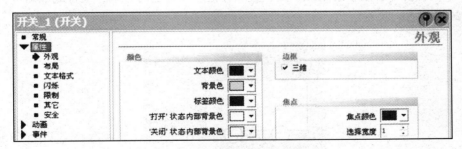

图 6 – 19 开关的属性组态

6.3.3 开关的动画组态

在属性视图的"动画"组中,可以组态开关的"移动方向""可见性"等。其组态方法与 IO 域、按钮等一致，这里不再赘述。

6.3.4　开关的事件组态

在属性视图的"事件"组中，可以组态开关所触发和激活的事件。

6.3.5　单项技能训练：各种开关的组态

开关的类型可以分为切换模式的开关、通过图形切换的开关和通过文本切换的开关。据以上内容，自行完成图 6-20 所示 3 种开关的常规组态、属性组态、动画组态和事件组态。

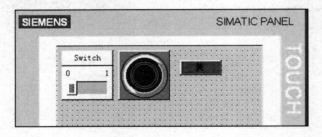

图 6-20　3 种常用开关示意

6.4　矢量对象的生成与组态

6.4.1　矢量对象的概念、生成与组态

矢量对象包括简单图形对象，主要包括线、圆、椭圆、矩形、多边形等。例如要画出一个运料小车，将简单对象中的矩形、圆、直线等拖放到合适的区域，组合成形即可，完成后如图 6-21 所示。

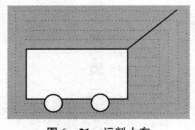

图 6-21　运料小车

复杂图形对象如棒图、量表、滚动条等矢量对象，它们的生成与域、开关、按钮的生成类似。例如生成与组态棒图时，首先将棒图拖放到画面中，选中该棒图，即可在属性视图中设置其属性。可以在属性视图的"属性"和"动画"组中设置对象的外观、布局、样式和

动作等。

如图6-22所示"棒图"对象可用来以图形形式显示过程值,棒图可划分刻度范围。如图6-23所示,在属性视图的"常规"组中的"刻度"区域,可以设置棒图的最大值和最小值;可以设置最大值、最小值和过程值所连接的变量;在"属性"组中,可以设置棒图的外观、布局以及刻度等;在"动画"组中,可以设置棒图的动作、可见性等。

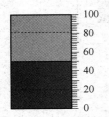

图6-22　棒图的组态

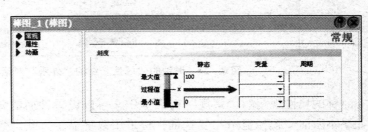

图6-23　棒图的常规组态

6.4.2　单项技能训练:运料小车的组态

运料小车的组态步骤如下:

(1) 建立运料小车运动的位移变量,变量类型为Byte或者Int。

(2) 建立连接。

(3) 将工具窗口中的简单矢量图形中的矩形、圆和折线画出运料小车的各部分,并将它们组合成形。

(4) 进行动画组态。运料小车的运动为水平移动,启用"组"的动画属性组态,启用的变量为"小车运动位移"变量,并将移动的范围以及起始位置和结束位置设定好。

(5) 模拟运行。

6.5　时钟与日期时间域的组态

1. 时钟

生成并打开名为"日期时间"的画面。将工具窗口中"简单对象"组中的"日期时间域"图标和"复杂对象"组中的"时钟"图标拖放到画面中。有的人机界面设备(例如TP170)没有时钟对象,组态这样的人机界面设备就无法组态时钟功能。

用"简单对象"组的日期时间域执行下列运行系统功能:

(1) 输出日期和时间值;

(2) 重新设置日期和时间。

在时钟的属性视图的"属性"组的"外观"对话框中可以设置钟面的颜色;钟面的背景填充样式可以选择"实心的""透明的"和"透明框";时钟的指针可以选择填充色或"空心的",可以改变各部分的颜色,如图6-24所示。

在时钟的属性视图的"属性"组的"布局"对话框中，可以设置在改变时钟尺寸时是否保持正方形形状。

图 6-24 时钟的"属性"组的"外观"对话框

在时钟的属性视图的"常规"对话框中，可以设置钟面的背景图案，选择是否显示钟面。如果不激活"模拟显示"复选框，将采用数字显示方式。数字显示方式与简短格式的日期时间域相同，但是不显示秒的值。

2. 日期时间域

日期时间域在工具窗口的"简单对象"组中，其类型如果组态为"输出"，则只用于显示；如果组态为"输入/输出"，还可以作为输入域来修改当前的时间。可以选择只显示时间或只显示日期。可以使用系统时间作为日期和时间的数据源。如果选择"使用变量"选项，日期和时间由一个 DATA_AND_TIME 类型的变量提供，该变量值可以来自 PLC。图 6-25 所示为日期时间域的"常规"对话框，图 6-26 所示为各种时钟的组态示意。

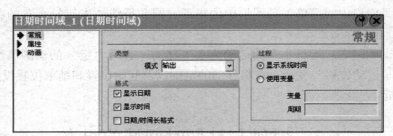

图 6-25 日期时间域的"常规"对话框

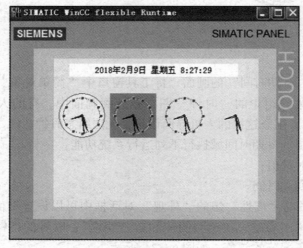

图 6-26 各种时钟的组态示意

3. 修改日期时间

利用日期时间域的输入功能，可以设置实时时钟的日期和时间。在模拟运行时单击日期时间域，在出现的字符键盘中输入新的时间，单击"确定"按钮后返回画面，可以看到修改的效果。在计算机上模拟时，实际上修改的是计算机的系统时钟。

6.6　间接寻址与符号 IO 域的组态

6.6.1　双状态符号 IO 域

双状态符号 IO 域用位变量来切换两个不同的文本。例如某系统的自动/手动模式的切换就可以用双状态符号 IO 域来实现。图 6 – 27 所示为双状态符号 IO 域的常规组态对话框。

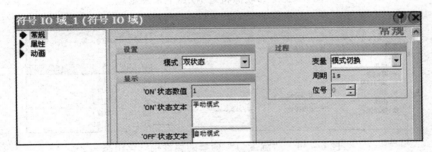

图 6 – 27　双状态符号 IO 域的常规组态对话框

6.6.2　多状态符号 IO 域

多状态符号 IO 域用来执行文本列表条目的输出，或输入/输出。操作员可以从文本列表中选择文本，以改变符号 IO 域的内容。

例如在某些监控系统中，需要监控多点的温度，而这些温度不需要实时显示，只有在需要的时候观测一下即可，此时就可以用多状态符号 IO 域。下面以 5 个温度值为例来介绍多状态符号 IO 域的组态方法。

在 PLC 的变量列表中生成 PLC 的 5 个过程变量——"温度 1""温度 2""温度 3""温度 4""温度 5"，组态内部变量"温度值"和"温度指针"，如图 6 – 28 所示。将"温度值"变量用温度指针进行索引，索引变量为"温度指针"，索引变量的索引号为 1，2，3，4，5。

将符号 IO 域的常规组态的模式设置为"输入/输出"模式，将过程变量设置为"温度指针"。组态方法如图 6 – 29 所示。图 6 – 30 所示为"温度值"变量的属性指针化组态过程。

113

名称	连接	数据类型	地址	数组计数	采集周期	注释
温度值	<内部变量>	Byte	<没有地址>	1	1 s	
温度指针	<内部变量>	Byte	<没有地址>	1	1 s	
温度1	连接1	Int	VW 1	1	1 s	
温度2	连接1	Int	VW 1	1	1 s	
温度3	连接1	Int	VW 1	1	1 s	
温度4	连接1	Int	VW 1	1	1 s	
温度5	连接1	Int	VW 1	1	1 s	

图 6 – 28　各种变量的组态

图 6 – 29　多状态符号 IO 域的常规组态

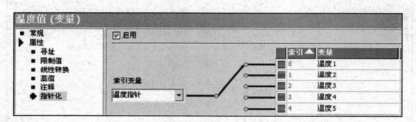

图 6 – 30　"温度值"变量的属性指针化组态

6.6.3　生成文本列表

为了将 5 个温度值在同一个多状态符号 IO 域中罗列显示，需要建立一个文本列表，命名为"温度值"，该列表下的 5 个条目分别为"温度 1""温度 2""温度 3""温度 4"和"温度 5"。"温度值"文本列表的组态方法如图 6 – 31 所示。

文本列表		
名称	选择	注释
温度值	范围（...-...）	

列表条目		
缺省	数值	条目
○	0	温度1
○	1	温度2
○	2	温度3
○	3	温度4
○	4	温度5

图 6 – 31　多状态符号 IO 域文本列表的组态

6.6.4 组态画面并模拟运行

创建画面并组态符号 IO 域、温度显示的 IO 域、指针值显示 IO 域。为了观察组态效果，将 5 个温度值分别用 5 个 IO 域显示在画面上。模拟运行效果如图 6 – 32 所示。这里的 5 个温度值的显示是为了方便观察运行效果而组态的，不是多状态符号 IO 域组态的必要部分。

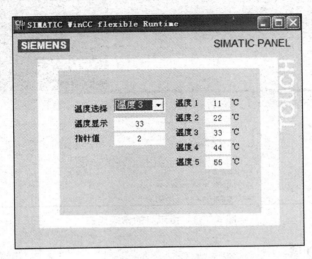

图 6 – 32 多状态符号 IO 域模拟运行效果

6.7 图形列表与图形 IO 域的组态

上节介绍了双状态符号 IO 域的组态和多状态符号 IO 域的组态。本节介绍图形列表与图形 IO 域的组态。图形 IO 域和符号 IO 域的不同之处：符号 IO 域显示的是文字符号，而图形 IO 域显示的是图形。文本列表显示的是系列文字（多行文字），图形列表显示的是系列图形（多个图形）。

6.7.1 图形列表和图形 IO 域的组态方法

图形列表和图形 IO 域一般是配套使用的，即组态完成后图形 IO 域能将图形列表中的图形依次显示出来。图形 IO 域有输入、输出、输入/输出和双状态 4 种模式。

1. 双状态图形 IO 域

指示灯的组态就是双状态图形 IO 域的应用实例之一。下面介绍指示灯的组态方法。首先创建一个名为"指示灯"的 Bool 变量，再将工具窗口中的图形 IO 域拖放到相应的画面中，选中图形 IO 域，如图 6 – 33 所示。将该图形 IO 域的常规属性设置为"双状态"模式，过程变量和指示灯变量连接，并选择显示过程中"ON"和"OFF"的图形画面。模拟运行时，在指示灯变量的不同取值下，图形 IO 域就可以显示不同的图形。

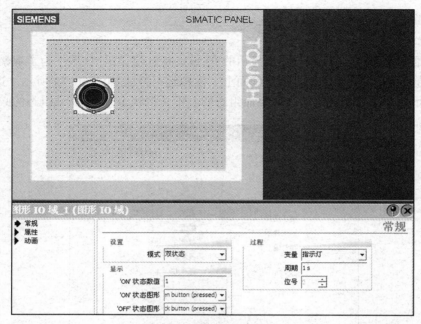

图 6 – 33　指示灯的常规组态

2. 多状态图形 IO 域

多状态图形 IO 域可以显示 2 幅以上的图形。

6.7.2　多幅画面切换的动画显示

下面组态霓虹灯闪烁的效果，效果图用图形 IO 域展示，按赤、橙、黄、绿、青、蓝、紫的顺序进行闪烁。图片从组态软件自带的图形库中选取，也可以用画图软件绘制。双击系统项目视图中的"图形列表"图标，打开图形列表编辑器，创建一个名为"霓虹灯"的图形列表。在变量编辑器中生成一个霓虹灯指针的 Int 内部变量，其限制值为 1~7。

生成并打开名为"图形 IO 域"的画面，将工具窗口中的"图形 IO 域"对象图标拖放到画面工作区，在它的属性视图中将它设置为"输出"模式，用于显示名为"霓虹灯"的图形列表，显示列表显示哪一幅图形由变量"霓虹灯指针"的值确定，如图 6 – 34 所示。

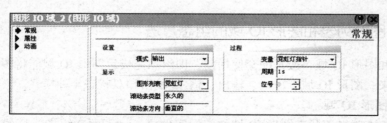

图 6 – 34　多幅图形切换的图形 IO 域的组态

在图形 IO 域的下方生成两个文本模式的按钮，显示的文本分别是" + 1"和" – 1"，单击它们完成对"霓虹灯指针"的值加 1 和减 1 的操作。霓虹灯显示效果如图 6 – 35 所示。

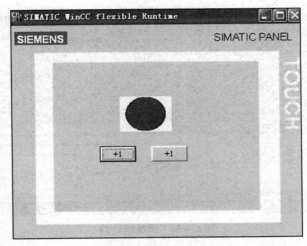

图 6 - 35　霓虹灯显示效果

6.8　面板的生成与组态

6.8.1　面板的概念

面板是可以编辑的预组态的对象组。面板可以扩展画面对象资源，减少设计工作量，同时确保项目的一致性布局。面板具有以下优点：（1）集中修改；（2）在其他项目中重复使用；（3）缩短组态时间。

可在面板设计器中创建和编辑面板。创建的面板将被自动添加到项目库中，可以像其他对象那样插入到画面中。可以将面板保存在共享库中，以供其他项目使用。

6.8.2　面板的生成与组态方法

选择菜单栏中的"面板"选项，在弹出的快捷菜单中选择"创建面板"命令，可以在项目视图中间的工作区域打开图 6 - 36 所示的面板设计器。

最上方为画面编辑器，可以将所需要的画面对象从工具窗口拖放到画面编辑器来组成面板对象，也可以删除不需要的画面对象；中间为"面板组态"对话框，可以在此组态面板，"面板组态"对话框包含以下条目：

（1）常规信息：在"常规"选项卡下建立面板名称。面板将以此名称显示在项目库中。

（2）属性：在"属性界面"选项卡下设置面板属性。像所有其他对象属性一样，可以在以后组态此处包含的属性。也可以创建面板变量，面板变量仅在面板内可用。面板变量将直接与面板中包含的对象互连，例如 IO 域。

（3）事件：在"事件界面"选项卡下建立面板事件。像所有其他对象属性一样，可以在将来的组态工作中组态此处包含的事件。

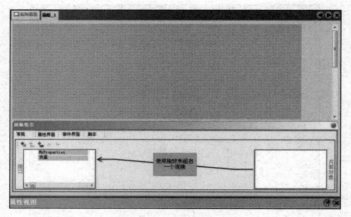

图 6-36　面板设计器

（4）脚本：在"脚本"选项卡下为面板组态脚本。例如，可以在"脚本"下调用系统函数或编写新的函数来转换数值。脚本只能从面板中获得。

还可以在项目窗口左侧项目视图的"画面"组下双击一个画面，在中间的工作区域打开一个画面编辑器，选择一个或多个创建面板所需要的画面对象，单击鼠标右键，在弹出的快捷菜单中选择"创建面板"命令，则会创建一个包含所选画面对象的面板对象，并在工作区域打开面板设计器，在中间的"面板组态"对话框中也可以根据需要再组态该面板。

面板生成和组态完毕后，在项目窗口右侧工具窗口的"库"组中的项目库中会出现所创建的面板对象，可以像其他对象一样将其插入到画面中，并可以在属性视图中组态其属性。也可以将所创建的面板对象添加到共享库中，供以后的 WinCC flexible 项目使用，将面板从共享库添加到画面中时，系统自动将面板的一个副本保存到项目库中。若要更改面板，必须更改项目库中的面板，否则更改将不生效。

6.8.3　技能实训：电动机"点动"按钮与指示灯面板的组态

打开面板设计器，组态图 6-37 所示的电动机"点动"按钮和指示灯的面板，组态方法和页面组态一致。

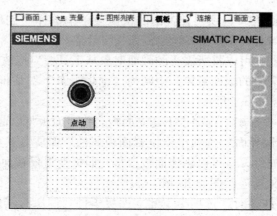

图 6-37　面板组态示例

组态好的面板在其他画面中可以直接应用，如图6-38所示。

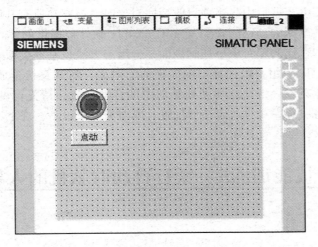

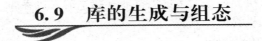

图6-38 面板组态完成后在其他画面中应用的效果

6.9 库的生成与组态

6.9.1 库的概念

库是画面对象模板的集合，是用于存储常用对象的中央数据库。只需对库中存储的对象组态一次，便可以任意多次重复使用。始终可以通过多次使用或重复使用对象模板来添加画面对象，从而提高编程效率。WinCC flexible 软件包提供了丰富的图形库，包含"电机"或"阀"等对象，用户也可以根据需要自定义库对象。

6.9.2 库的分类

根据库的使用范围，可以将库分为两种类型：项目库和共享库。

1. 项目库

每个项目都有一个库。项目库的对象与项目数据一起存储，只可用于在其中创建库的项目。将项目移动到不同的计算机中时，包含了在其中创建的项目库。项目库只要不包含任何对象就始终处于隐藏状态。在库视图的右键快捷菜单中，选择"显示项目库"命令或将画面对象拖动到库视图中，可以显示项目库。

2. 共享库

除了来自项目库的对象之外，也可以将来自共享库的对象合并到用户项目中。共享库独立于项目数据以扩展名"*.wlf"存储在独立的文件中。在项目中使用共享库时，只需在相关项目中对该库引用一次。将项目移动到不同的计算机中时，不会自动包含共享库。在进行该操作时，项目库和共享库之间的互连可能会丢失。如果共享库在其他项目或非 WinCC flexible 应用程序中被重命名，那么该互连也将丢失。一个项目可以访问多个共享库，一个共享库可以同时用于多个项目中。当项目改变库对象时，该库在所有其他项目中以这种修改后的状态打开。在共享库中，还能找到 WinCC flexible 软件包提供的库。可以像使用其他画面对象一样，将库中存储的库对象添加到画面中，组态方法也基本类似。在项目窗口右侧的工具窗口中，选择"库"组，再选择不同库中的库对象，将其直接拖放到画面中的合适位置，或单击所需要库对象，将鼠标移动到画面中的合适位置，待光标变为"＋"后，再次单击鼠标左键即可将所选库对象放置在该位置。库对象生成以后，在下方的属性视图中用户可以根据自己的要求详细设置其属性。

6.10 综合技能训练1：银行自动取款机的人机界面组态

6.10.1 系统画面的总体规划与设计

银行自动取款机的人机界面是大多数人都非常熟悉的人机界面。本系统以中国建设银行为例，设计与组态以下人机界面：
（1）自动取款机的初始画面；
（2）自动取款机的业务选择画面；
（3）自动取款机的密码输入画面；
（4）自动取款机的取款金额选择/录入画面。
通过以上画面的设计与组态，读者可学会系统的总体设计、页面之间的切换、永久性窗口的组态、按钮的组态、IO 域以及图形 IO 域的组态。

6.10.2 自动取款机的初始画面的设计与组态

通过以上要求，设计与组态自动取款机初始画面，如图 6 – 39 所示。

图 6 – 39 自动取款机的初始画面

6.10.3 自动取款机的业务选择画面的设计与组态

通过以上要求，设计与组态自动取款机的业务选择画面，如图 6 – 40 所示。

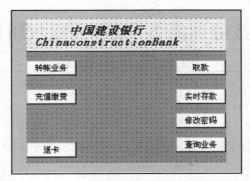

图 6 – 40　自动取款机的业务选择画面

6.10.4　自动取款机的密码输入画面的设计与组态

通过以上要求，设计与组态自动取款机的密码输入画面，如图 6 – 41 所示。

图 6 – 41　自动取款机的密码输入画面

6.10.5　自动取款机的取款金额选择/输入画面的设计与组态

通过以上要求，设计与组态自动取款机的取款金额选择/输入画面，如图 6 – 42 所示。

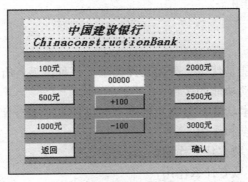

图 6 – 42　自动取款机的取款金额选择/输入画面

6.11　综合技能训练2：某室内空气质量控制系统的人机界面组态

本训练可自行完成。要求能够显示图6-43所示的8个变量的值，并能通过下方的5个按钮进入相应的画面。

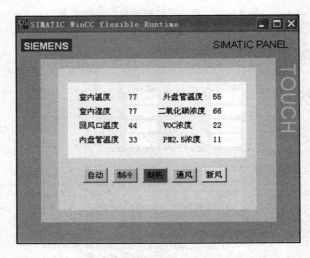

图6-43　某空气质量控制系统人机界面仿真效果示意

本章小结

本章主要介绍了创建画面简单对象的方法，主要包括IO域的组态和按钮的组态、开关的组态和指示灯的组态、日期时间域的组态、间接寻址和符号IO域的组态、图形列表与图形IO域的组态以及面板的组态。

思考与练习

6-1　按钮的主要功能是什么？分为几种类型？每种类型各有什么特点？

6-2　怎样组态有点动功能的按钮？

6-3　开关有哪些基本功能？分为几种类型？每种类型各有什么特点？

6-4　棒图有什么特点和作用？

6-5　双状态符号IO域有什么作用？

6-6　多状态符号IO域有什么作用？

6-7　怎样用图形IO域和图形列表来实现动画功能？

第 7 章 用户管理与报警的组态

7.1 用户管理

7.1.1 用户管理的基本概念

一个系统的运行，其安全性至关重要，因此要求创建并组态访问保护。用户管理用于在运行系统时控制操作人员对数据和函数的访问，从而保护操作元素（例如输入域和功能键）免受未经授权的操作。

建立用户和用户组，并分配特定的访问权限（授权）。只有指定的个人或操作员组可以改变其参数的设置并调用函数。例如，操作员只能访问指定的功能键，而调试工程师可以不受限制地进行访问。用户管理组态完毕后将其传送到工程系统中的人机界面设备，在系统运行时，通过用户视图来管理用户和口令。

7.1.2 用户管理的结构

用户管理分为两部分，一部分是对用户组的管理，另一部分是对用户的管理。用户管理模型和授权设置如图 7-1 所示。其特点是权限不是直接分配给用户的，而是分配给用户组，通过设定用户所在的用户组可以使该用户获得其所在用户组的所有权限。这样使管理更为系统、高效。另外用户的管理和权限的分配是分离开来的，这样就使操作人员对系统的访问具有很强的灵活性。

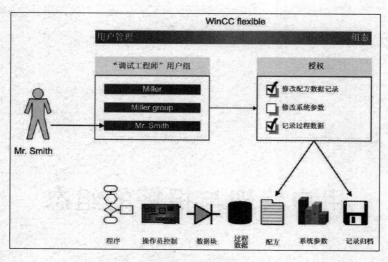

图 7 - 1　用户管理模型和授权设置

组态用户管理时，先创建用户组，再创建用户。每个用户都必须从属于某个用户组。

7.1.3　创建用户组

在项目视图中找到"运行系统用户管理"条目。双击它可以列出子菜单，其中有 3 个选项，分别是"组""用户"以及"运行系统安全性设置"。创建用户组界面如图 7 - 2 所示。

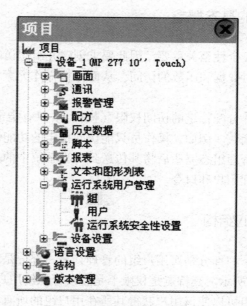

图 7 - 2　创建用户组界面

双击"组"选项打开用户组编辑器，如图7－3所示。

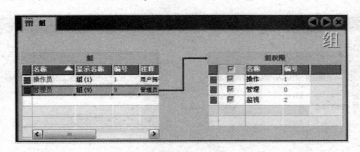

图7－3　用户组编辑器

在用户组编辑器中有两个部分，分别是"组"表和"组权限"表。在"组"表中列出了现有的用户组种类，在"组权限"表中列出了系统中现有的所有权限。为每个用户组分配不同的权限是通过在"组权限"表中的复选框内打钩实现的。

7.1.4　添加用户组及其权限

在项目视图的"组"选项上单击鼠标右键，选择"添加组"命令，或者在用户组编辑器"组"表中紧邻现有组的空白行上双击鼠标左键，都可添加一个新的用户组。在"组权限"表中的空白行内双击鼠标左键可以添加新的用户组权限，如图7－4和图7－5所示。

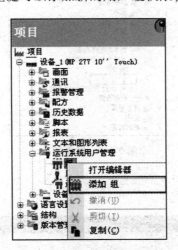

图7－4　添加用户组

图7－5　添加用户组权限

设置用户组的权限，如图 7 – 6 所示。

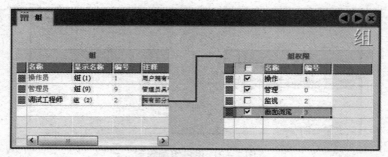

图 7 – 6　设置用户组的权限

7.1.5　创建用户

打开用户编辑器，在项目视图中"运行系统用户管理"条目下双击"用户"选项打开用户编辑器，如图 7 – 7 所示。

图 7 – 7　创建用户

添加用户，如图 7 – 8 所示。

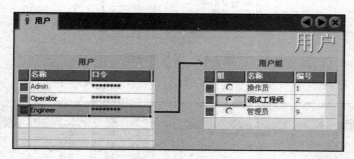

图 7 – 8　添加用户

在用户编辑器中同样有两部分，左侧是现有用户的列表，右侧是现有用户组的列表。在用户编辑器中可以清楚地看到每个用户所在的用户组。图7－8中灰色部分显示的用户是系统默认的用户"Admin"，属于管理员组，拥护所有的权限。添加或修改用户的方法与添加或修改用户组的方法一样。

在这里创建了两个用户，分别是"Operator"和"Engineer"，并且将"Operator"分配给"操作员"组，将"Engineer"分配给"调试工程师"组，则这两个用户就分别拥有了"操作员"组和"调试工程师"组的权限。

在用户编辑器中需要为用户设置密码，如图7－9所示。

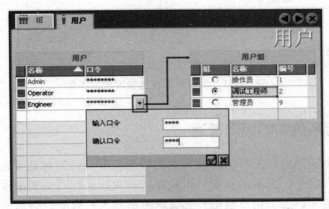

图7－9 为用户设置密码

在用户编辑器中单击图7－9所示按钮，弹出密码设置窗口，在密码设置窗口中输入密码，在属性视图中为用户设置密码，如图7－10所示。

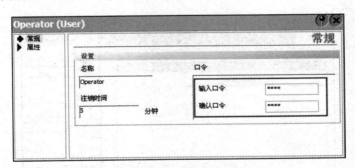

图7－10 为用户设置密码

7.1.6 运行时的安全设置

运行系统安全性设置编辑器用于组态运行系统中用户口令的安全设置。在项目视图中，双击"运行系统用户管理"组中的"运行系统安全性设置"选项打开运行系统安全性设置编辑器，如图7－11所示。

运行系统安全性设置编辑器用于组态运行系统中用户口令的安全设置。可在工作区域中设置口令的有效时间等属性。

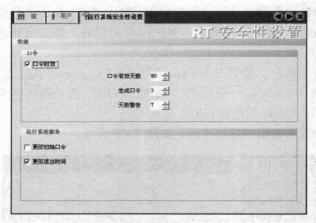

图 7 – 11   运行系统安全性设置编辑器

7.1.7   运行系统中的用户管理

在工程系统中创建用户和用户组，并为它们分配权限。可为对象组态权限。在传送到人机界面设备后，所有组态了权限的对象会得到保护以免在运行时受到未授权的访问。

如果在工程系统中组态了用户视图，那么当传送到人机界面设备后可以在用户视图中管理用户。

用户视图在用户管理中的应用组态如下：

（1）在工具栏的"增强对象"条目下选择"用户视图"选项，并将其拖放到画面中，如图 7 – 12 所示。

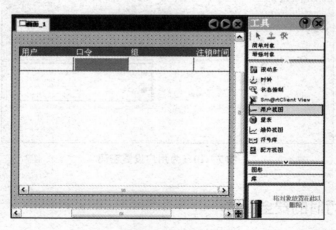

图 7 – 12   用户视图组态

（2）在"用户视图"的属性视图中设置用户视图的各种属性，如图 7 – 13 所示。

在画面中组态"用户登录"和"注销用户"两个按钮：

单击"用户登录"按钮用来运行系统函数 ShowLogonDialog（显示登录对话框）。单击"注销用户"按钮用来运行系统函数 Logoff（注销当前用户）。

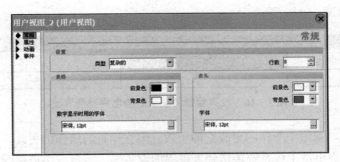

图7-13 用户视图常规属性组态

运行时通过用户视图管理用户。在工程系统中创建用户和用户组，并将其传送到人机界面设备。拥有"管理"权限的用户可以不受限制地访问用户视图，以便管理所有用户。用户视图在每一行中显示用户、用户口令、所属的用户组以及注销时间。没有用户登录，则用户视图为空。在用户视图中单击鼠标左键，或单击"用户登录"按钮可以打开用户登录对话框，如图7-14所示。

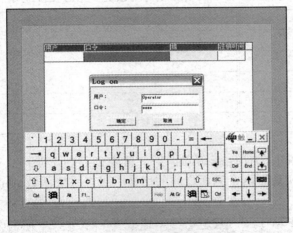

图7-14 用户登录对话框

管理员登录时，用户视图中显示所有的用户。管理员可以改变每个用户的用户名和口令，还可以创建新用户并将其分配到现有的用户组。管理员登录后的界面如图7-15所示，系统中所有的用户管理员都可以看到。

用户	口令	组	注销时间
Admin	********	组 (9)	5
Engineer	********	组 (2)	5
Operator	********	组 (1)	5
PLC User	********	组 (1)	5

图7-15 管理员登录后的界面

在"用户"栏内单击空白行即可创建新用户，如要修改某一选项，在其上单击鼠标左键即可。灰色部分显示的选项是不可以更改的。如果没有管理员登录，则用户视图仅显示当前登录的用户，如图7－16所示。

用户	口令	组	注销时间
Operator	********	组 (1)	5

图 7－16　没有管理员登录时的用户登录界面

运行时，在用户视图中所作的更改立即生效，但在运行时所作的更改不会在工程系统中更新。当将用户和用户组从工程系统传送到人机界面设备时，将覆盖用户视图中的所有更改。

7.1.8　组态具有访问保护的对象

通过对画面中的一个对象（如按钮）组态授权可以保护对它的访问。只有具有该授权的登录用户才能访问它。当没有授权的用户试图操作该对象时将自动显示登录对话框。表7－1所示为 WinCC flexible 中可以组态权限的画面对象。

表 7－1　WinCC flexible 中可以组态权限的画面对象

对象	对象	对象
I/O 框	开关	报警窗口
日期/时间框	滚动条	配方视图
图形 I/O 框	用户视图	功能键
符号 I/O 框	符号库	系统按钮
按钮	报警视图	—

下面以按钮为例说明怎样组态访问保护。首先创建两个画面，在第一个画面中组态一个按钮，其功能是实现在两个画面之间的切换。组态系统函数 ActivateScreen，如图7－17所示。

图 7－17　组态具有访问保护的按钮

　　组态画面切换功能，如图 7 – 18 所示。在画面切换按钮的"事件"组中组态"单击"时所要激活的画面。在该按钮的属性视图的"属性"→"安全"类别中设置权限名称，如图 7 – 19 所示，则用户管理的权限中会自动增加一项以该名称命名的权限。

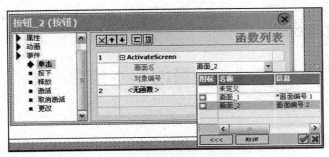

图 7 – 18　组态画面切换功能

图 7 – 19　组态访问的安全性

　　在系统运行时，如果当前没有用户登录或者登录的用户不具有"画面切换"权限，则操作该按钮时自动弹出用户登录对话框。只有登录了具有"画面切换"权限的用户之后，才可以操作该按钮实现画面切换功能。用户登录对话框如图 7 – 20 所示。

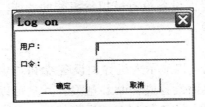

图 7 – 20　用户登录对话框

7.1.9　导出/导入用户管理

　　如果某个用户需要访问多个人机界面设备，则所有操作面板上必须存在相同的用户和口令。可以将某个操作面板上的用户和口令导出到一个存储介质中，如软盘、存储卡或网络驱动器，之后将此存储介质中的用户和口令导入其他人机界面设备中。这样各种人机界面设备上就具有了相同的用户管理状态。

131

7.1.10 单项技能训练：某控制系统用户管理的组态

组态某系统的用户管理功能。用户组主要包括"工程师"组、"班组长"组、"操作员"组。每组至少对应一个用户。组态主要包括用户组的组态、用户的组态、访问保护功能的设置以及用户视图的组态。

7.2 报警的基本概念

7.2.1 报警的分类

报警用来指示控制系统中出现的时间或操作状态，可以用报警信息对系统进行诊断，有的资料或手册将报警信息简称为信息、消息或报文。

报警事件可以在人机界面设备上显示，或者输出到打印机。也可以将报警事件保存在报警记录中，报警记录可以在人机界面设备上显示，或者以报表形式打印输出。

1. 自定义报警

自定义报警是用户组态的报警，用来在人机界面设备上显示过程状态，或者测量和报告从 PLC 接收到的过程数据。自定义报警分为两种，具体如下：

（1）离散量报警：离散量（又称开关量）对应于二进制数的 1 位，离散量的两种相反的状态可以用 1 位二进制数的"0""1"状态来表示，如一号仓的缺料或不缺料、电动机的故障与正常等。例如，正常时 PLC 中某位的"0"状态是正常状态，如果在特定情况下置位了该位，人机界面设备就触发报警。

（2）模拟量报警：模拟量是取值连续的变量。当变量的值超出上限或下限时，将触发模拟量报警。有的低端人机界面设备没有模拟量报警的功能。如果某一个变量超出了限制值，人机界面设备就触发报警。

2. 系统报警

系统报警是系统预定义的，以显示人机界面设备或 PLC 中特定的系统状态。自定义报警和系统报警都可以由人机界面设备或者 PLC 触发，并且可以显示在人机界面设备上。系统报警提示操作员关于人机界面设备和 PLC 的操作状态。系统报警涵盖了从注意事项到严重错误的非常广泛的范围。如果在这些设备中的一台上或者两台设备之间进行通信时特定系统状态或者错误出现，人机界面设备或 PLC 就触发报警。系统报警由编号和报警文本组成。报警文本中也可以包含更精确地说明报警原因的内部系统变量。对于系统报警，只能组态某些特定的属性。有两种类型的系统报警，具体如下：

（1）由人机界面设备触发的系统报警：如果特定的类别状态出现或者与 PLC 通信时有一个错误出现，系统报警就会由人机界面设备触发。

（2）由 PLC 触发的系统报警：此类系统报警由 PLC 触发，并且不能在 WinCC flexible 中组态。

7.2.2 报警的状态与确认

对于显示临界性或危险性运行和过程状态的报警，可以要求设备操作员对报警进行确认。离散量报警和模拟量报警存在下列报警状态：

（1）当符合触发报警的条件时，报警状态为"已激活"。一旦操作员确认了报警，报警状态将为"已激活/已确认"。

（2）当触发报警的条件不再适用时，报警状态为"已激活/已取消激活"。一旦操作员确认了已取消激活的报警，该报警便具有"已激活/已取消激活/已确认"状态。每一个出现的报警状态都可以显示并记录到人机界面设备上，而且可以打印输出。

对于显示关键性或危险性运行和过程状态的离散量报警和模拟量报警，可以要求设备操作员对报警进行确认。报警可以由操作员在人机界面设备上确认，也可以由控制程序确认。在报警由操作员确认时，变量中的特定位将被置位。

7.3 组态报警

7.3.1 离散量报警的组态

一个字有 16 位，则可以组态 16 个离散量报警。离散量报警用指定的字的变量内的某一位来触发。在项目视图中单击"离散量报警"选项，在"离散量报警"表中组态一个离散量报警，如图 7-21 所示。由变量"变量_1"的第 0 位触发该报警，即该字的最低位为"0"是正常状态，一旦该位被置位为"1"，将出现"电机过载"的报警文本。

图 7-21 离散量报警的组态

7.3.2 模拟量报警的组态

在项目视图中单击"模拟量报警"选项，在"模拟量报警"表中组态一个模拟量报警，如图 7-22 所示。当变量"变量_1"大于 100 时，将出现"温度高于 100"的报警文本。

报警类型如下：

（1）错误。用于离散量报警和模拟量报警，指示紧急的或危险的操作和过程状态，这

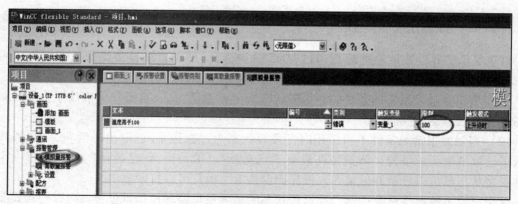

图 7 – 22　模拟量报警的组态

类报警必须确认。

（2）诊断事件。用于离散量报警和模拟量报警，指示常规操作状态、过程状态和过程顺序，这类报警不需要确认。

（3）警告。用于离散量报警和模拟量报警，指示不是太紧急的或危险的操作和过程状态，这类报警必须确认。

（4）系统。用于系统报警，提示操作员有关人机界面设备和 PLC 操作状态的信息，这类报警不能用于自定义报警。

7.3.3　报警设置的组态

报警设置的组态如图 7 – 23 所示。

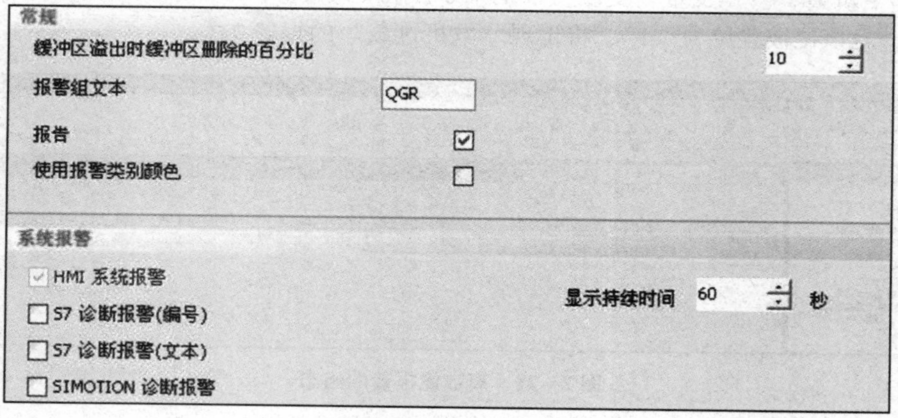

图 7 – 23　报警设置的组态

7.3.4　自定义报警类别的组态

根据自定义报警的优先级别以及响应时间要求，自定义报警的类别有"错误"和"警告"。可以对"错误"和"警告"报警"名称""显示名称"及"E – mail 地址"等项目，可以对"到达"的颜色、"到达确认"的颜色和"到达确认离开"的颜色进行组态。具体如图 7 – 24 所示。

名称	显示名称	确认	E-mail 地址	C 颜色	CD 颜色	CA 颜色	CDA 颜色
错误	错误	"已激活"状态		■	■	■	□
警告	警告	关		■	■	□	□
系统	$	关		□	□	□	□
诊断事件	S7	关		□	□	□	□

图 7 – 24   自定义报警类别的组态

（1）"错误"类别的常规组态如图 7 – 25 所示。

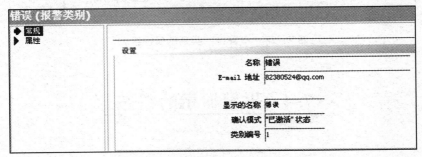

图 7 – 25   "错误"类别的常规组态

（2）"错误"类别的属性组态如图 7 – 26 所示。

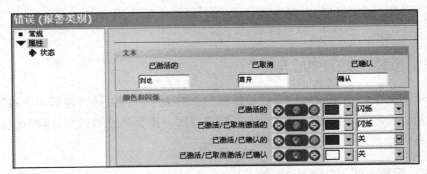

图 7 – 26   "错误"类别的属性组态

（3）"警告"类别的常规组态如图 7 – 27 所示。

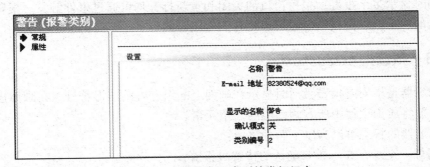

图 7 – 27   "警告"类别的常规组态

（4）"警告"类别的属性组态如图 7 – 28 所示。

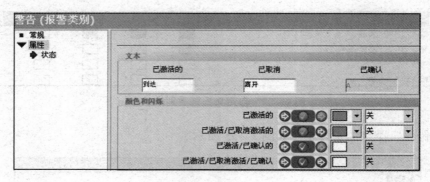

图 7 – 28　"警告"类别的属性组态

7.4　报警显示的组态

在报警系统的基本设置中，可以指定要显示在人机界面设备上的系统报警的类型以及系统报警显示的时长。要在人机界面设备上显示系统报警，应使用"报警视图"和"报警窗口"对象。每次这些对象中的一个在画面或模板中组态时，都要选择"系统"报警组设置。

7.4.1　报警视图的生成与组态

报警视图为某个特定画面而组态。根据所组态的大小，可以同时显示多个报警，可以为不同的报警组以及在不同的画面中组态多个报警视图。报警视图可以用这种只包括一个报警行的方式组态。

7.4.2　报警窗口的显示组态

在画面模板中组态的报警窗口将成为项目中所有画面上的一个元素。根据所组态的大小，可以同时显示多个报警。报警窗口的关闭和重新打开均可通过事件触发。报警窗口保存在它们自己的层上，以便在组态时可以将它们专门隐藏。

7.4.3　报警指示器的组态

报警指示器是指当有报警激活时显示在画面上的组态好的图形符号。在画面模板中组态的报警指示器将成为项目中所有画面上的一个元素。

报警指示器的状态可以为以下两种之一：

（1）闪烁：至少存在一条未确认的待解决报警；

（2）静态：报警已确认，但其中至少有一条报警尚未取消激活。

7.5 综合技能训练：蔬菜大棚温度控制系统的组态

7.5.1 蔬菜大棚的温度控制要求

蔬菜大棚的温度对蔬菜的生长至关重要，因此对蔬菜大棚进行温度控制非常关键。本设计要求对蔬菜大棚的温度进行监控设计。20 ℃~25 ℃为正常温度，温度低于20 ℃时需要警告报警，温度低于15 ℃时需要错误报警，温度高于28 ℃时需要警告报警，温度高于30 ℃需要错误报警。有报警时需要操作员现场确认并进行升温或者降温操作。

假设蔬菜大棚有6台空调进行温度控制。对空调正常与否进行离散量报警设置，当空调不能正常工作时，在报警监控画面有相应的报警文本出现。

7.5.2 蔬菜大棚温度控制系统人机界面的组态

（1）根据所学知识进行蔬菜大棚温度控制系统人机界面的初始画面的设计。

初始画面为门户界面，能直观地显示温度控制系统的概况，主要包括"用户登录"画面的设计以及"系统简介""温度监控""报警查询"和"趋势视图"画面的设计。设计时先新增4个画面，并为每个画面重新命名为图7-29所示按钮上显示的文字，然后将画面选中，拖放到初始画面相应的位置，即可产生跳转到相应画面的按钮。画面上部分设计了永久性窗口。总体设计效果如图7-29所示。

图7-29 蔬菜大棚温度控制系统的初始画面

（2）建立连接功能，如图7-30所示。

组态"大棚温度"变量和"事故信息"变量，如图7-31所示。

"事故信息"是Word型变量，有16位，可以组态16个离散量报警。每一台空调的事故对应"事故信息"的一位，本例中分别占用了事故信息的第0~5位，如图7-32所示。

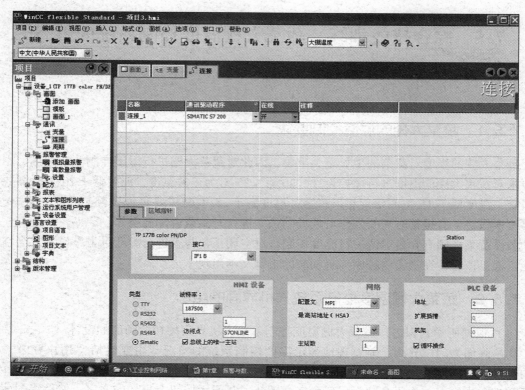

图 7-30   建立连接功能

名称	数据类型	地址	数组计数	采集周期	注释
大棚温度	Int	VW 0	1	1 h	
事故信息	Word	VW 0	1	1 min	

图 7-31   建立变量

文本	编号	类别	触发变量	触发器位
1号空调故障	1	错误	事故信息	0
2号空调故障	2	错误	事故信息	1
3号空调故障	3	错误	事故信息	2
4号空调故障	4	错误	事故信息	3
5号空调故障	5	错误	事故信息	4
6号空调故障	6	错误	事故信息	5

图 7-32   空调故障离散量报警的组态

　　"大棚温度"变量是 Int 型模拟变量,在项目视图的"报警管理"组中选择"模拟量报警"选项,在弹出的对话框中进行图 7-33 所示"文本""编号""类别""触发变量""限制"以及"触发方式"的组态。

图 7 – 33　"大棚温度"变量的模拟量报警的组态

（3）进行报警类别的常规组态，如图 7 – 34 所示。

名称	显示名称	确认	E-mail 地址	C 颜色	CD 颜色	CA 颜色
错误	错误	"已激活"状态		■	■	□
警告	警告	关		□	□	□
系统	$	关		□	□	□
诊断事件	S7	关		□	□	□

图 7 – 34　报警类别的常规组态

（4）进行报警类别 – 错误的属性组态，如图 7 – 35 所示。

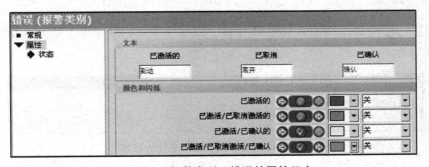

图 7 – 35　报警类别 – 错误的属性组态

（5）进行报警类别 – 警告的属性组态，如图 7 – 36 所示。

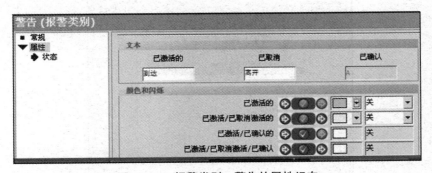

图 7 – 36　报警类别 – 警告的属性组态

139

（6）进行报警视图的组态，如图 7 – 37 所示。

图 7 – 37　报警视图的组态

7.5.3　蔬菜大棚温度控制系统人机界面的模拟运行

在模拟运行器中调出"事故信息"变量，以二进制的形式显示，设置数值为 110000，如图 7 – 38 所示。

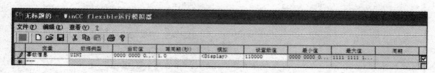

图 7 – 38　"事故信息"变量的设置

模拟运行后得到的报警信息如图 7 – 39 所示。

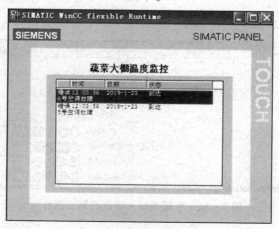

图 7 – 39　事故信息报警示例

同理，对"大棚温度"变量的值进行设定，如图7-40所示。得到的报警信息如图7-41所示。

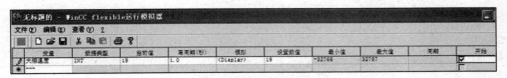

图7-40 "大棚温度"变量的设置

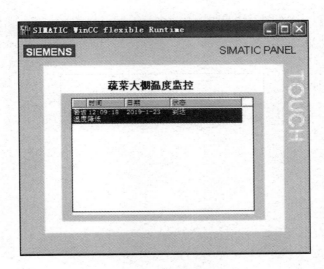

图7-41 大棚温度示例

本章小结

本章主要介绍了用户管理与报警的组态方法。用户管理主要包括用户的组态、用户组的组态、各种对象的权限的组态。报警的组态主要包括报警的类型、离散量报警的组态、模拟量报警的组态、报警设置的组态、自定义报警类别的组态、报警视图的生成与组态、报警窗口与报警指示器的组态。

思考与练习

7-1 自定义报警的变量是如何分类的？报警设置的组态方法是什么？

7-2 报警视图、报警窗口、报警指示器是如何组态的？

7-3 简述模拟量报警的组态步骤。

7-4 简述离散量报警的组态步骤。

模块三　工业网络通信实验

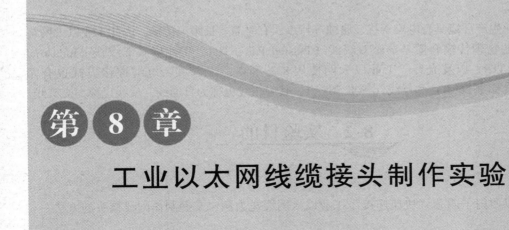

第 8 章
工业以太网线缆接头制作实验

8.1 技术背景

以太网线缆是从一个网络设备连接到另外一个网络设备以传递信息的介质，是以太网网络的基本构件。

以太网有线传输介质主要包括双绞线（也就是平时所说的网线）、光纤和同轴电缆（较早产品，现在基本不再使用）。在这三者中，同轴电缆由于价格比较高、性能一般而逐渐被市场所淘汰；光纤的性能非常优良，但价格过高且安装起来比较困难，一般只应用在各项指标都要求较高的网络环境中，家庭网络很少应用；双绞线由于其低廉的价格、简单的安装方法、良好且稳定的性能而在有线网络中广为使用。

双绞线一般分为 8 类：一类线主要用于语音传输；二类线由于传输频率只有 1 MHz，主要用于旧的令牌环网；三类线主要用于 10BASE–T 网络；四类线用于令牌环网和 10BASE–T/100BASE–T 网络；五类线的传输频率为 100 MHz，用于 100BASE–T 和 10BASE–T 网络，它是最常用的以太网线缆；超五类线主要用于千兆位以太网（1 000 Mb/s）；六类线的传输频率为 1~250 MHz，适用于传输速率高于 1 Gb/s 的网络；七类线是最新的一种非屏蔽双绞线，传输频率至少可达 500 MHz，传输速率为 10 Gb/s。

双绞线还分为非屏蔽和屏蔽两种。日常办公中应用最多的为五类非屏蔽双绞线，而屏蔽双绞线由于增加了屏蔽层，所以比普通的非屏蔽双绞线的可靠性和稳定性更高。

光纤是新一代的传输介质，与铜质介质相比，光纤无论是在安全性、可靠性还是网络性能方面都有了很大的提高。除此之外，光纤传输的带宽大大超出铜质介质，而且其支持的最大连接距离达 2 km 以上，是组建较大规模网络的必然选择。由于光纤光缆具有抗电磁干扰性好、保密性强、速度快、传输容量大等优点，所以它的价格也较高，因此在家用场合很少使用。

由于工业生产环境具有电磁干扰、腐蚀等特点，有时需要长距离传输，因此工业以太网络中通常使用的物理传输介质是屏蔽双绞线（Twisted Pair，TP）、工业屏蔽双绞线（Industrial Twisted Pair，ITP）以及光纤。工业以太网使用 8 芯和 4 芯双绞线，电缆连接方式也有两种——正线（标准 568B）和反线（标准 568A），其中正线也称为直通线，反线也称为交叉线。

8.2　实验目的

本实验以西门子四芯"快速连接"工业以太网线缆为例，掌握制作网线接头的方法。

8.3　实验准备

完成本实验所需准备的实验材料：1 根西门子四芯"快速连接"工业以太网线缆、2 个"快速连接"工业以太网水晶头和 1 个做线工具，如图 8 - 1 所示。

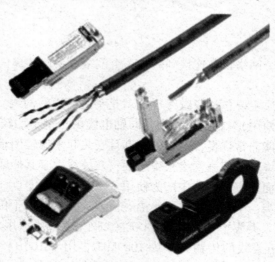

图 8 - 1　实验材料

8.4　实验内容

（1）了解西门子四芯"快速连接"工业以太网线缆的内部构造；

（2）按照实验步骤制作网线接头并进行测试。

8.5　实验步骤

（1）截取一根 500 mm 长的西门子四芯"快速连接"工业以太网线缆，如图 8 - 2 所示。

图 8 - 2　西门子四芯"快速连接"工业以太网线缆示意

（2）将线缆的两端剥去 25 mm 长的外皮，金属屏蔽网保留 5 mm 长，如图 8 - 3 所示。

图 8 - 3　剥去外皮的线缆示意

（3）打开金属接头，按照按头内线的颜色标识把对应线插入到底，如图 8 - 4 所示。

图 8 - 4　将以太网线缆插入金属接头

（4）合拢金属接头，用螺丝刀插入金属圆环的孔内，顺时针旋转 90°完成固定，如图 8 - 5 所示。

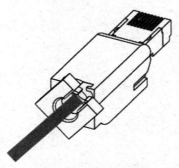

图 8 - 5　固定金属接头中的线缆

147

（5）将制作完成的线缆接到测试仪上进行测试，1，2，3，6 指示灯亮为正常。

本章小结

本章重点描述了工业以太网线缆接头的制作方法，主要包括技术背景、实验目的、实验准备和实验步骤。

思考与练习

8-1　了解四芯和八芯工业以太网线缆的区别。

8-2　了解光纤的种类及其在工业中的应用场合。

第 9 章

网络配置实验

9.1　实验目的

（1）了解网络配置的目的；

（2）掌握使用 PST（Primary Setup Tool）软件为交换机和 PLC 分配 IP 地址；

（3）掌握通过 Web 界面配置交换机的方法（以 SCALANCE XM408 - 8C L3 为例）。

9.2　实验准备

完成本实验所需的材料：1 个 SCALANCE XM408 - 8C L3 交换机（下文简称 SCALANCE XM408）、1 个 PLC（S7 1200）、1 个上位机（安装有 PST 软件）和 2 根工业以太网线缆。

9.3　实验内容

（1）网络拓扑结构实施，图 9 - 1 所示为网络配置实验逻辑拓扑结构图；

（2）通过 PST 软件为 SCALANCE XM408 和 S7 1200 分配 IP 地址；

（3）通过 Web 界面，利用 IP 地址对 SCALANCE XM408 进行配置。

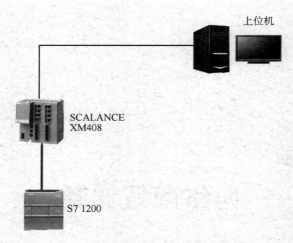

图 9 – 1　网络配置实验逻辑拓扑结构图

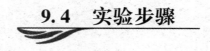

9.4　实验步骤

9.4.1　网络结构实施

（1）将 SCALANCE XM408 和 S7 1200 安装到导轨上；

（2）用工业以太网线缆将上位机与 SCALANCE XM408 的 P1 端口相连，将 SCALANCE X408 的 P2 端口与 S7 1200 的以太网接口相连（说明：可以使用 SCALANCE XM408 的其他端口与上位机和 S7 1200 相连）；

（3）接通电源。

9.4.2　配置上位机、SCALANCE XM408 和 S7 1200 的 IP 地址

（1）为了能够让上位机与网络部件处在一个局域网内，将上位机的有线网卡的 IP 地址设置为 192.168.0.100，将子网掩码设置为 255.255.255.0，如图 9 – 2 所示。

（2）以管理员身份启动 PST 软件，其主界面如图 9 – 3 所示。

选择 "Network" → "Browse" 选项，PST 软件开始搜索设备，搜索到设备后的界面如图 9 – 4 所示。

单击 SCALANCE XM408 前的 ⊞，展开树状结构。选择 "Ind. Ethernet interface" 选项，在右侧界面中设置交换机的 IP 地址为 192.168.0.11，将子网掩码设置为 255.255.255.0，如图 9 – 5 所示。

同理，设置 S7 1200 的 IP 地址为 192.168.0.21，将子网掩码设置为 255.255.255.0，如图 9 – 6 所示。

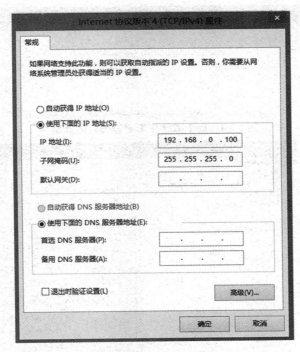

图 9 – 2　配置上位机的 IP 地址和子网掩码

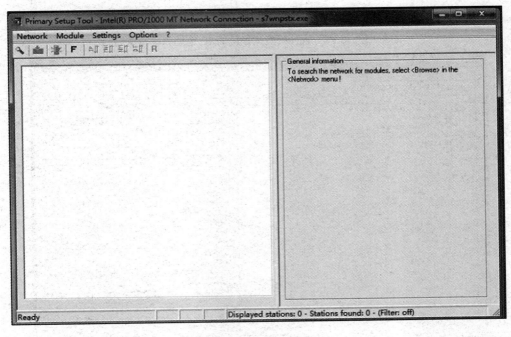

图 9 – 3　PST 软件主界面

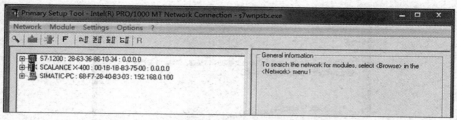

图 9 – 4　PST 软件搜索到设备后的界面

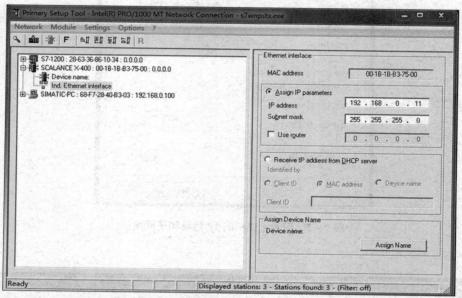

图 9 – 5　用 PST 软件配置交换机的 IP 地址和子网掩码

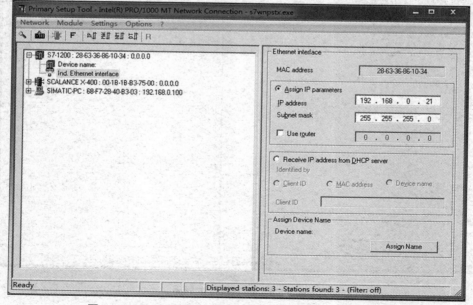

图 9 – 6　用 PST 软件配置 S7 1200 的 IP 地址和子网掩码

选择"S7 1200"条目，单击工具栏中的下载按钮 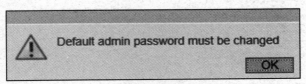，将配置下载到 S7 1200 中；选择
"SCALANCE XM408"条目，单击工具栏中的下载按钮 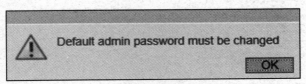，将配置下载到 SCALANCE XM408 中。

9.4.3 通过 Web 界面配置交换机

本小节通过简单的配置示例展示交换机的配置方法。

（1）打开浏览器，在地址栏中输入"192.168.0.11"，进入 SCALANCE XM408 的网络
配置登录界面。输入用户名"admin"和密码（默认为"admin"）后，弹出提示框，如
图 9 – 7 所示。单击"OK"按钮后，进入密码修改界面，如图 9 – 8 所示。设置好新密码
后，单击"Set Values"按钮，保存密码设置配置，此时网页自动进入 SCALANCE XM408
网络配置界面，如图 9 – 9 所示。SCALANCE XM408 网络配置界面包含 5 个部分，即"In-
formation""System""Layer 2""Layer 3"和"Security"。单击这 5 个部分的任意一个子项，
在网络配置界面的右上方会出现一个问号，单击问号，将弹出对该子项进行说明的帮助界
面，如图 9 – 10 所示。

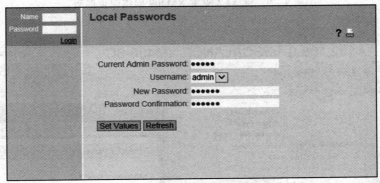

图 9 – 7 要求修改密码提示框

图 9 – 8 密码修改界面

（2）在任何时候，单击网络配置界面右上角的 ，将弹出 SCALANCE XM408 模块
指示灯监视界面，如图 9 – 11 所示。

（3）在网络配置界面的左侧列表中，选择"Layer 2"→"Ring Redundancy"选项。在
"Ring"选项卡中，勾选"Ring Redundancy"复选框；在"Ring Redundancy Mode"下拉列
表中选择"HRP Manager"选项，然后配置在冗余环中使用的 Ring Port，如 P1.4 和 P1.8，
如图 9 – 12 所示。

注意：第一次对交换机进行配置时，勾选"Ring Redundancy"复选框时，会弹出提示，
如图 9 – 13 所示。这是因为交换机在出厂时默认将"Spanning Tree"选中。此时，需要进入
"Layer2"→"Spanning Tree"界面。在此界面中取消勾选"Spanning Tree"复选框，并单
击"Set Values"按钮，如图 9 – 14 所示。

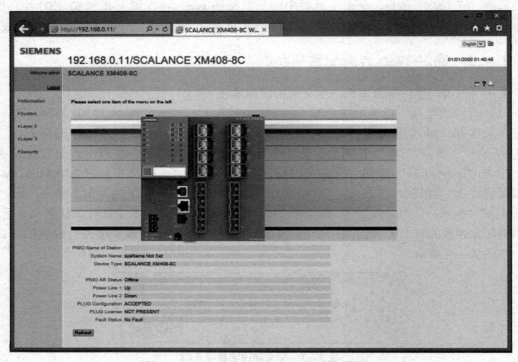

图 9 – 9　SCALANCE XM408 网络配置界面

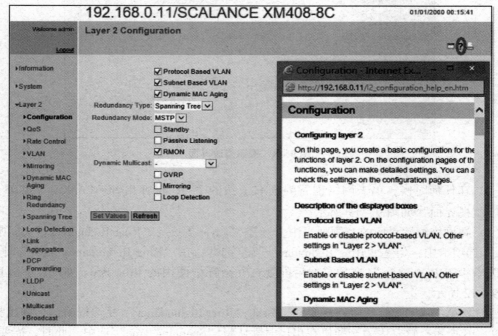

图 9 – 10　帮助界面

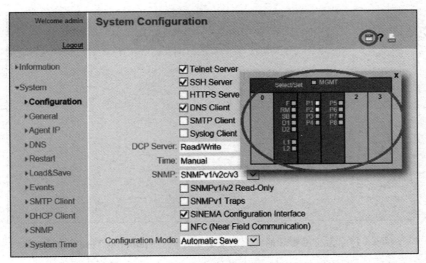

图9-11 SCALANCE XM408 模块指示灯监视界面

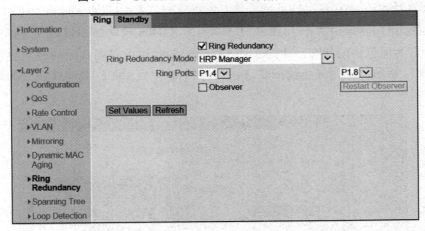

图9-12 SCALANCE XM408 环形冗余配置界面

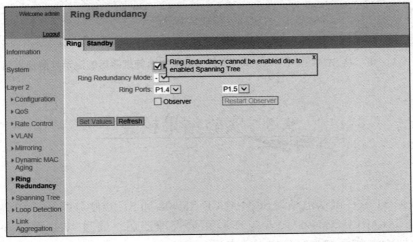

图9-13 勾选"Ring Redundancy"复选框时可能弹出的提示

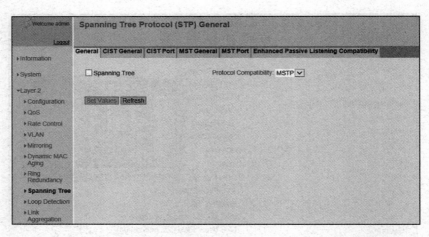

图 9 – 14 为了设置环形冗余功能取消勾选 "Spanning Tree" 复选框

（4）配置好 SCALANCE XM408 的环形冗余参数后，单击 "Set Values" 按钮。此时，单击网络配置界面右上角的 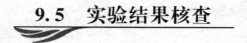，在弹出 SCALANCE XM408 模块指示灯监视界面中可以看到 "RM" 指示灯为绿色快闪状态，如图 9 – 15 所示，同时可以看到实际的 SCALANCE XM408 模块的 "RM" 指示灯也为绿色快闪状态，这说明将 SCALANCE XM408 设置为环形冗余管理器的配置过程成功。

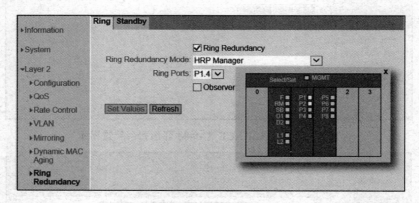

图 9 – 15 将 SCALANCE XM408 设置为环形冗余管理器后的提示灯监视界面

9.5　实验结果核查

（1）通过 PST 软件确认已经为 SCALANCE XM408 和 S7 1200 分配好了 IP 地址；

（2）将 SCALANCE XM408 设置为环形冗余管理器后，通过 Web 界面和 SCALANCE XM408 确认 "RM" 指示灯为绿色快闪状态。

本章小结

本章主要讲述了网络配置方法，主要包括网络结构实施、配置上位机、SCALANCE XM408 和 S7 1200 的 IP 地址以及通过 Web 界面配置 SCALANCE XM408 的方法，最后讲述了实验结果核查方法。

思考与练习

通过 Web 界面，了解 SCALANCE XM408 网络配置界面的每一项配置功能。

第 10 章

单环冗余网络实验

10.1 技术背景

网络冗余是工业网络的一项保障策略。作为快速反应备份系统，网络冗余的目的是降低意外中断的风险，通过即时响应保证生产连续，从而减小关键数据流上任意一点失效所带来的影响。

工业网络对可用性要求较高，环网冗余是提高网络可用性的重要手段。

环形工业以太网技术是基于以太网发展起来的，继承了以太网速度快、成本低的优点，同时为网络上的数据传输提供了一条冗余链路，提高了网络的可用性。

将各台交换机通过冗余环口依次进行连接，即构成环形网络结构。其中一个交换机作为冗余管理器（RM），管理冗余环网。在一个环网中，只能有一台交换机设置成冗余管理器。冗余管理器通过发送监测帧监控网络链路状态，在网络正常的情况下，冗余管理器的一个冗余环口会处于逻辑断开状态，这样整个网络在逻辑结构上保持一种线形结构，避免广播风暴（网络中存在环路，会造成每一帧都在网络中重复广播，引起广播风暴）。冗余管理器监控网络状态，当网络上的连接线断开或交换机发生故障时，它会通过连通一个替代路径恢复成另外一种逻辑上的线形结构。如果故障被消除，网络逻辑结构会恢复原有的线形结构。环网可以是电气环网，也可以是光纤环网，还可以是电气和光纤混合的环网。

10. 2　实验目的

（1）理解环网冗余的工作原理；
（2）掌握单环冗余网络的配置及测试方法。

10. 3　实验准备

完成本实验所需的实验材料：1 个 SCALANCE XM408 - 8C、2 个 SCALANCE XB208、1 个 S7 1200 和 5 根工业以太网线缆。

10. 4　实验内容

（1）通过 Web 界面配置交换机。
（2）通过博途软件配置 PLC S7 1200（A），即硬件组态、配置 IP 地址和子网掩码、在变量表中设置。
（3）网络结构实施，图 10 - 1 所示为网络结构拓扑图。

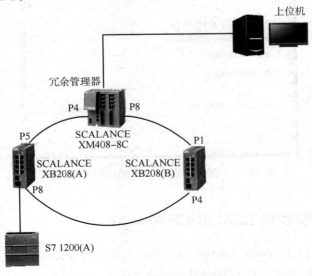

图 10 - 1　网络结构拓扑图

①利用工业以太网线缆,将各个交换机通过配置的冗余接口相连,构成高速冗余环网(HSR);

②利用工业以太网线缆,将上位机、PLC 与环网中的交换机相连。

(4)通信测试:将环网中 SCALANCE XM408 的用于通信的激活端口的线缆拔掉,观察通信网络能否重构通信链路,并保证数据能够从 PLC 传输到上位机。

10.5   实验步骤

注意:在完成 3 个交换机的配置前,不能将 3 个交换机连成环。

10.5.1   配置上位机的 IP 地址和子网掩码

将上位机的有线网卡的 IP 地址设置为 192.168.0.100,将子网掩码设置为 255.255.255.0,如图 10 - 2 所示。

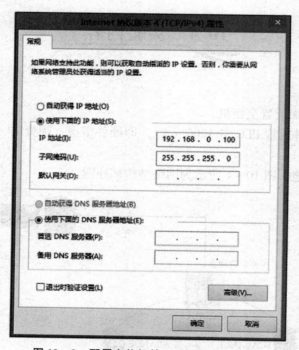

图 10 - 2   配置上位机的 IP 地址和子网掩码

10.5.2   配置交换机 SCALANCE XM408 - 8C

(1)将上位机和 SCALANCE XM408 - 8C 用以太网线缆连接。

(2)以管理员身份启动 PST 软件,其主界面如图 10 - 3 所示。

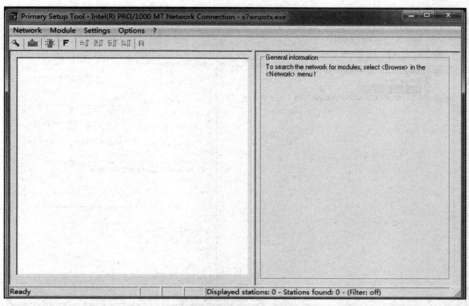

图 10 – 3 PST 软件主界面

①选择"Network"→"Browse"选项，PST 软件开始搜索设备，搜索到设备后的界面如图 10 – 4 所示。

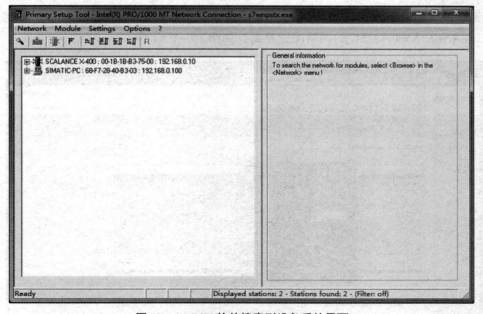

图 10 – 4 PST 软件搜索到设备后的界面

②单击"SCALANCE X – 400"前的 ⊞，展开树状结构。选择"Ind. Ethernet interface"选项，在右侧界面中设置交换机的 IP 地址为 192.168.0.11，将子网掩码设置为 255.255.255.0，如图 10 – 5 所示。

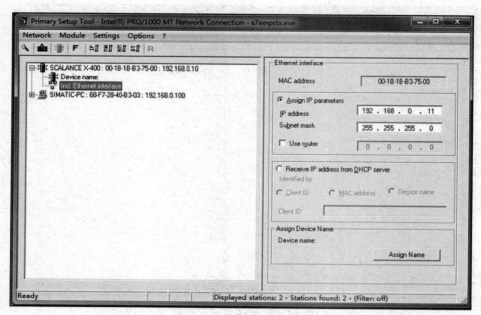

图 10 – 5　用 **PST** 软件配置交换机的 **IP** 地址和子网掩码

③单击工具栏中的下载按钮 ，将配置下载到交换机 SCALANCE XM408 – 8C 中。

（3）打开浏览器，在地址栏中输入"192.168.0.11"，进入 SCALANCE XM408 – 8C 的网络配置登录界面（首次进入该界面时需要修改密码）。输入用户名"admin"和密码后，进入 SCALANCE XM408 – 8C 的网络配置界面，如图 10 – 6 所示。

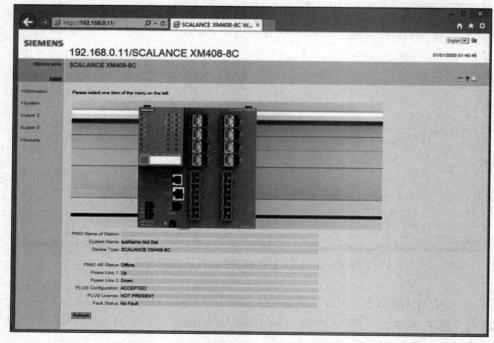

图 10 – 6　**SCALANCE XM408 – 8C** 的网络配置界面

（4）在网络配置界面的左侧列表中，选择"Layer 2"→"Ring Redundancy"选项。在"Ring"选项卡中，勾选"Ring Redundancy"复选框；在"Ring Redundancy Mode"下拉列表中选择"HRP Manager"选项，然后配置在环网冗余中使用的 Ring Port，如 P1.4 和 P1.8，如图 10 – 7 所示。

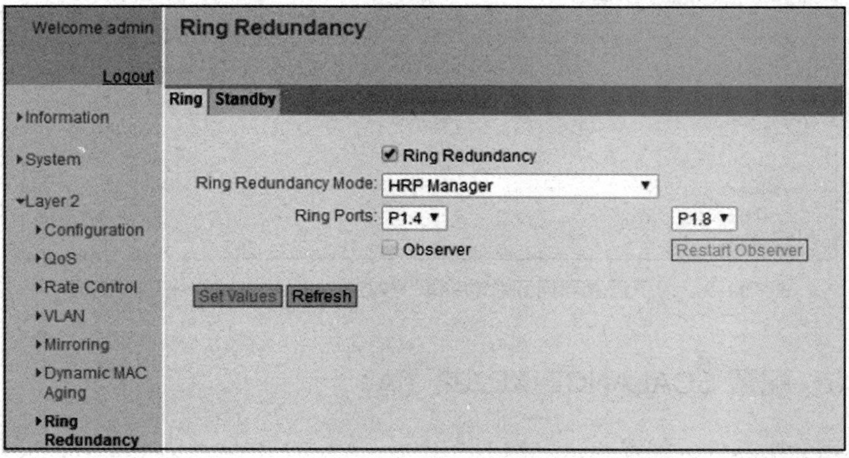

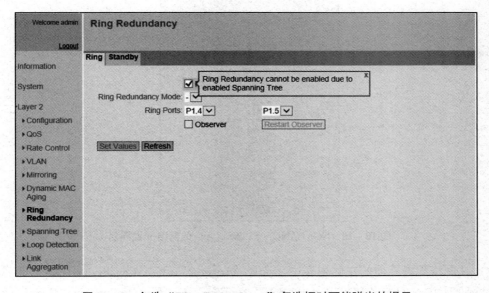

图 10 – 7　SCALANCE XM408 – 8C 环网冗余配置

注意：第一次对该交换机进行配置时，在勾选"Ring Redundancy"复选框时会弹出提示，如图 10 – 8 所示。这是因为交换机在出厂时默认将"Spanning Tree"选中。此时，需要进入"Layer2"→"Spanning Tree"界面。在此界面取消勾选"Spanning Tree"复选框，并单击"Set Values"按钮，如图 10 – 9 所示。

图 10 – 8　勾选"Ring Redundancy"复选框时可能弹出的提示

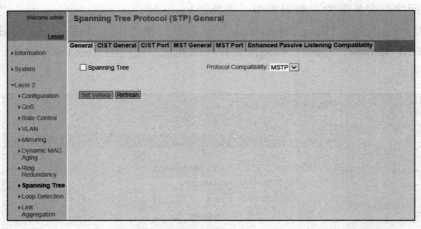

图 10 – 9　为了设置环网冗余功能取消勾选"Spanning Tree"复选框

10.5.3　配置 SCALANCE XB208（A）

（1）使用 PST 软件，配置 SCALANCE XB208（A）的 IP 地址为 192.168.0.12，将子网掩码设置为 255.255.255.0，单击工具栏中的下载按钮 ，将配置下载到交换机 SCALANCE XB208（A）中。

（2）打开浏览器，在地址栏中输入"192.168.0.12"，进入 SCALANCE XB208（A）的网络配置登录界面。输入用户名"admin"和密码（默认为"admin"）后，进入 SCALANCE XB208（A）的网络配置界面，如图 10 – 10 所示。

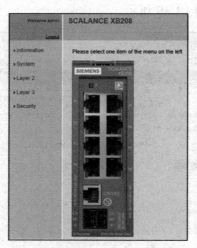

图 10 – 10　SCALANCE XB208（A）的网络配置界面

（3）在网络配置界面的左侧列表中，选择"Layer 2"→"Ring Redundancy"选项。在"Ring"选项卡中，勾选"Ring Redundancy"复选框；在"Ring Redundancy Mode"下拉列表中选择"HRP Client"选项，然后配置在环网冗余中使用的 Ring Port，将"P0.5"（第 5个端口）和"P0.8"（第 8 个端口）设置为冗余端口，如图 10 – 11 所示。

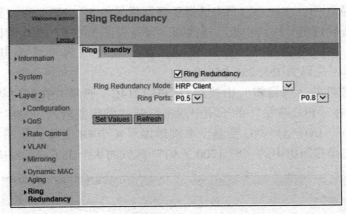

图 10 – 11　**SCALANCE XB208 （A）环网冗余配置**

10.5.4　配置 SCALANCE XB208 （B）

（1）使用 PST 软件配置 SCALANCE XB208 （B）的 IP 地址为 192.168.0.13，将子网掩码设置为 255.255.255.0，单击工具栏中的下载按钮 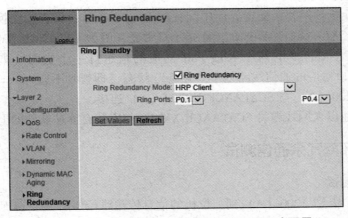，将配置下载到 SCALANCE XB208 （B）中。

（2）打开浏览器，在地址栏中输入"192.168.0.13"，进入 SCALANCE XB208 （B）的网络配置界面。在网络配置界面的左侧列表中选择"Layer 2"→"Ring Redundancy"选项。在"Ring"选项卡中，勾选"Ring Redundancy"复选框；在"Ring Redundancy Mode"下拉列表中选择"HRP Client"选项，然后配置在环网冗余中使用的 Ring Port，将"P0.1"（第 1 个端口）和"P0.4"（第 4 个端口）设置为冗余端口，如图 10 – 12 所示。

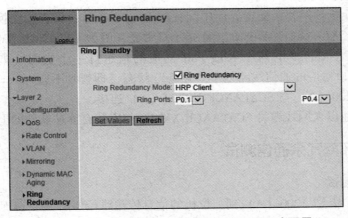

图 10 – 12　**SCALANCE XB208 （B）环网冗余配置**

10.5.5　在博途软件中配置 PLC S7 1200 （A）（即网孔板上左侧的 S7 1200）

在博途软件中配置 PLC 的目的是利用博途软件对 PLC 中的变量进行监视，同时测试 IO 变量在通信网络中的传输过程。

（1）在博途软件中，在硬件目录中选择正确订货号的 S7 1200，添加到设备视图中；在硬件目录中选择正确订货号的信号板，拖拽到"设备视图"中 S7 1200 的信号板位置上。

（2）在设备视图中选择 S7 1200 模块，在"属性"界面中为其配置 IP 地址为 192.168.0.41，子网掩码为 255.255.255.0。

（3）在博途软件的"项目树"中找到"CPU 1214C"选项并在其树状结构的子项中找到"PLC 变量"，在"PLC 变量"的子项中双击打开"默认变量表"。在"默认变量表"中添加需要监视的 DI、DO、AI、AO 变量。本例添加了 4 个 DI 变量，如图 10 – 13 所示（说明：这 4 个变量与操作面板中的"S7 1200（A）"区域的 4 个钮子开关对应）。

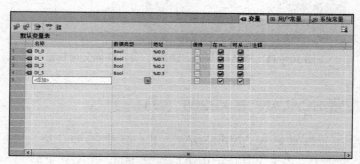

图 10 – 13　在博途软件中配置需要监视的变量

（4）编译程序。

（5）下载程序到 S7 1200（A）中。

10.5.6　网络线缆连接

（1）将 3 个交换机连成环网。

按照每个交换机环网冗余配置界面中配置的 Ring Port 号，将 3 个交换机连成环网。此时可以看到：①SCALANCE XM408 的 RM 指示灯常亮，因为 CALANCE XM408 为 HRP Manager；②SCALANCE XM408 的两个 Ring Port 对应的指示灯一个快闪（如 P8），一个慢闪（如 P4），慢闪端口对应的通信线路处于"热备"状态（即暂时不通）。

（2）将 S7 1200（A）与 SCALANCE XB208（A）连接。

（3）利用工业以太网线缆将 SCALANCE XM408 与安装有博途软件的上位机连接。

10.5.7　环网冗余通信测试

1. 正常通信测试

正常情况下，从 S7 1200（A）到上位机的信息传输路径如图 10 – 14 所示。

在博途软件的"项目树"中，选择"CPU 1214C"选项，单击工具栏中的"转到在线"按钮，然后在"PLC 变量"选项的子项中双击打开"默认变量表"。在"默认变量表"中单击"全部监视"按钮。正常通信时的变量监视界面如图 10 – 15 所示。显示 DI_0 与 DI_2 对应变量值为 TRUE，DI_1 与 DI_3 对应变量值为 FALSE，与实际开关状态一致。说明此时的数据传输路径"S7 1200（A）→SCALANCE XB208（A）→SCALANCE XB208（B）→SCALANCE XM408 – 8C→上位机"是通的，且数据传输正确。

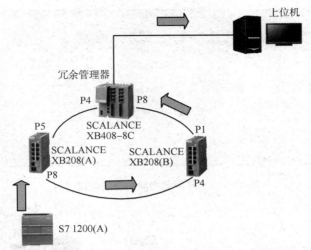

图 10 –14 正常情况下从 S7 1200 （A）到上位机的信息传输路径

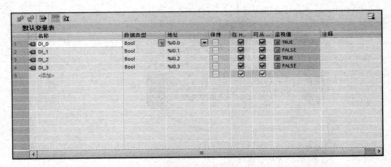

图 10 –15 正常通信时的变量监视界面

2. 环网通信故障测试

将插入 SCALANCE XM408 –8C 的 P8 端口的网线拔掉，模拟环网中 SCALANCE XM408 –8C 与 SCALANCE XB208 （B）交换机之间某一处通信线路故障或损坏。此时 SCALANCE XM408 –8C 的 4 端口立刻变为快闪状态，说明该端口已经"激活"，同时"RM"指示灯变为快闪状态，提示网络结构已经改变，网络中已经有地方出现故障。现在修改 S7 1200 （A）的 DI 输入，即改变 IO 操作面板上 S7 1200 （A）部分的钮子开关状态，此时博途软件变量监视界面中的变量值将相应改变，如图 10 –16 所示。这说明环网在网络故障情况下进行了重构，数据通过另一路径"S7 1200 （A）→SCALANCE XB208 （A）→SCALANCE XM408 –8C→上位机"进入上位机，且数据传输正确。环网重构后从 S7 1200 （A）到上位机的信息传递路径如图 10 –17 所示。

3. 环网通信故障恢复测试

当从 SCALANCE XM408 –8C 的 P8 端口断开的线缆重新连接上时，SCALANCE XM408 –8C 的 P8 端口指示灯立刻恢复为快闪状态，P4 端口立刻恢复为慢闪状态，同时"RM"指示灯变为常亮，这说明环网故障已经修复。此时 SCALANCE XM408 –8C 检测到环网故障已经恢复，重新将 P4 端口设置为逻辑断开状态。

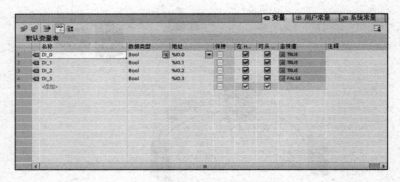

图 10−16　环网重构后的变量监视界面

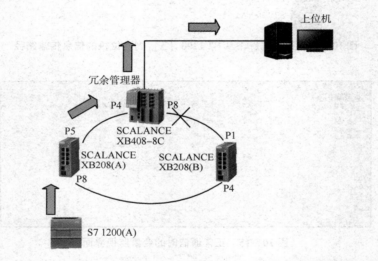

图 10−17　网络重构后从 S7 1200（A）到上位机的信息传递路径

本章小结

　　本章主要讲述了单环冗余网络的配置方法，主要包括配置上位机的 IP 地址和子网掩码、配置 SCALANCE XM408−8C、配置 SCALANCE XB208（A）、配置 SCALANCE XB208（B）、在博途软件中配置 PLC S7 1200（A）（即网孔板上左侧的 S7 1200）、网络线缆连接以及环网冗余通信测试方法。

思考与练习

　　10−1　在工业通信过程中为什么要采用环网冗余结构？

　　10−2　在实施环网冗余结构时应注意哪些问题？

　　10−3　环网冗余在哪些行业中广泛应用？

第 11 章

无线通信实验

11.1 技术背景

工业无线通信技术是 21 世纪初新兴的无线通信技术，它面向仪器仪表、设备与控制系统之间的信息交换，是对现有通信技术在工业应用方向上功能的扩展和提升。应用工业无线通信技术的行业包括石化、冶金、电力、煤炭、烟草、长距离管线和海上石油平台等。无线传送是指除了网关设备与监控系统之间以有线方式互连外，网关设备与多台无线变送器之间以无线方式传送数字信号。

工业无线通信技术是在现有智能数字仪表和现场总线技术的基础上发展起来的最新技术，它不仅能传送现场设备（如各类变送器）的检测参数的测量值信号（如压力、温度的实时测量值），还可以同时传送多种类型的信息，如设备状态和诊断报警、过程变量的测量单位、回路电流和百分比范围、生产商和设备标签等。

基于工业无线通信技术的测控系统，与传统的有线测控系统相比，具有以下优势：

（1）低成本。传统的有线测控系统需要布线，一般环境下布线的成本是 30~100 元/m，在一些恶劣环境下，可达 2 000 元/m。测控系统运行期间需要不断检测系统状态，若发现错误需更换线缆。使用工业通信无线技术将使测控系统的安装与维护成本降低 90%，是实现低成本测控系统的关键。

（2）可靠性高，易维护。在有线系统中，绝大部分系统故障是由线缆或线缆的连接器件损坏引发的，其维护复杂度大，维护费用高。使用工业无线通信技术将杜绝此类故障的发生。工业无线通信设备可以采用电池供电，利用定时休眠等方法，可持续工作数年以上，维护成本极低。

（3）灵活性高，易使用。使用工业无线通信技术后，现场设备摆脱了线缆的束缚，从而增加了现场仪表与被控设备的可移动性、网络结构的灵活性以及工程应用的多样性，用户可以根据工业应用需求的变化快速、灵活、方便、低成本地重构测控系统。

利用基于工业无线通信技术的测控系统，人们可以以较低的投资和使用成本实现对工业全流程的"泛在感知"，获取传统上由于成本原因无法在线监测的重要工业过程参数，并以此为基础实施优化控制，达到提高产品质量和节能降耗的目标。

无线网络在工业现场主要应用在设备或环境实现物理连接困难以及技术上不允许或不希望用物理连接的场合，如移动或旋转设备、运动节点、远距离设备管理、障碍物阻隔环境、高危环境等，以弥补有线网络的不足。由于有线和无线通信都支持 TCP/IP 协议，因此这两种通信方式能够有机地结合在一起，发挥各自的优势。

11.2　实验目的

（1）掌握工业无线通信网络的组网方法；
（2）掌握工业无线通信网络的配置及测试方法。

11.3　实验准备

完成本实验所需的实验材料：1 个 SCALANC EXM408 - 8C、1 个 SCALANCE XB208、1 个 SCALANCE W734 RJ - 45、1 个 SCALANCE W774 RJ - 45、1 个 S7 1200、1 套 IO 操作面板和 4 根工业以太网线缆。

11.4　实验内容

（1）网络结构实施。
①利用工业以太网线缆，按照图 11 - 1 所示的网络拓扑结构将交换机与无线模块、交换机与上位机、交换机与 S7 1200 连接起来；
②将 IO 操作面板与 PLC 相连。
（2）通过上位机中的博途软件配置需要监控的 S7 1200 中的变量。
（3）通信测试。
通过改变 IO 操作面板中的开关状态，查看开关状态数据是否通过 SCALANCE W774 和 SCALANCE W734 两个无线模块传输到上位机。

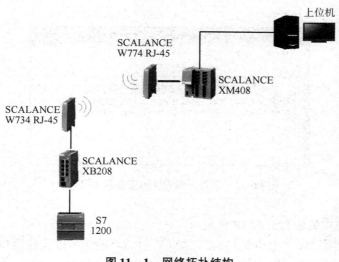

图 11-1 网络拓扑结构

11.5 实验步骤

11.5.1 网络结构实施

（1）将 SCALANCE XM408、SCALANCE XB208、SCALANCE W734、SCALANCE W774 和 S7 1200 安装到导轨上；

（2）利用工业以太网线缆，按照图 11-1 所示的网络拓扑结构将 SCALANCE XM408 的 P3 端口与 SCALANCE W734 的以太网端口相连，将 SCALANCE W774 的以太网端口与 SCALANCE XB208 的 P5 端口相连，将 SCALANCE XB208 的 P1 端口与 S7 1200 的以太网端口相连（说明：也可以用交换机的其他端口与无线模块和 PLC 相连）；

（3）接通电源。

11.5.2 为交换机、无线模块和 PLC 配置 IP 地址

由图 11-1 可以看出两个无线模块将网络结构分为上、下两个有线连接部分，由于此时上、下两个部分没有物理连接且两个无线模块均未指定 IP 地址，因此将上位机与 SCALANCE XM408 连接，用 PST 软件设置设备的 IP 地址时是无法发现下半部分网络结构中的模块的，所以需要分别为上、下两个有线网络部分中的设备分配 IP 地址。

1. 为上部网络中的设备分配 IP 地址

利用工业以太网线缆将上位机与 SCALANCE X408 的空闲以太网端口相连。参考 9.4.2 小节，利用 PST 软件将上位机的 IP 地址配置为 192.168.0.100，将 SCALANCE XM408 的 IP 地址配置为 192.168.0.11，将 SCALANCE W734 的 IP 地址配置为 192.168.0.31。配置完的

界面如图 11 –2 所示。

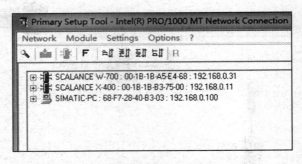

图 11 –2　配置上部网络中设备的 IP 地址

2. 为下部网络中的设备分配 IP 地址

利用工业以太网线缆将上位机与 SCALANCE XB208 的空闲以太网端口相连。参考 9.4.2 小节，利用 PST 软件将 SCALANCE XB208 的 IP 地址配置为 192.168.0.12，将 S7 1200 的 IP 地址配置为 192.168.0.21，将 SCALANCE W774 的 IP 地址配置为 192.168.0.32。配置完的界面如图 11 –3 所示。

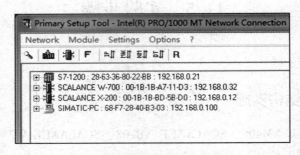

图 11 –3　配置下部网络中设备的 IP 地址

11.5.3　配置无线模块

1. 配置 SCALANCE W774

（1）利用工业以太网线缆将上位机与 SCALANCE X408 的空闲以太网端口相连。

（2）在上位机的浏览器中输入 SCALANCE W774 的 IP 地址 192.168.0.31，进入其登录界面。SCALANCE W774 的默认用户名和密码均为 admin。首次登录后，会弹出要求修改登录密码的提示。修改密码后，将进入 SCALANCE W774 的向导配置界面，如图 11 –4 所示。

单击向导配置界面右上角的 ▭，将弹出 SCALANCE W774 模块指示灯监视界面，如图 11 –5 所示。由图 11 –5 可以看出"RI"指示灯为白色，说明该模块的无线功能还未开启。

重新登录 SCALANCE W774，将进入完整配置界面，如图 11 –6 所示。可以选择左侧列表中的"Basic Wizard"选项以向导的形式进行基本配置，也可以分别选择左侧列表中的"Information""System""Interfaces""Layer2"和"Security"等各项，进行有针对性的配置。

172

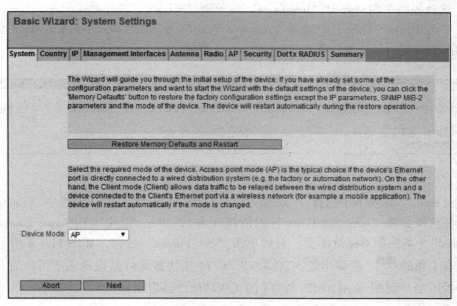

图 11 - 4 SCALANCE W774 的向导配置界面

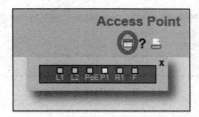

图 11 - 5 SCALANCE W774 模块指示灯监视界面

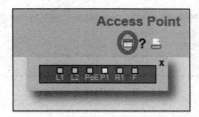

图 11 - 6 SCALANCE W774 的完整配置界面

（3）选择界面左侧列表中"Interfaces"的子项"WLAN"进行无线配置。

①在"Antennas"选项卡中选择"Antenna Type"为"ANT795 – 4MA"，其他配置保持不变，如图 11 – 7 所示，最后单击"Set Values"按钮。

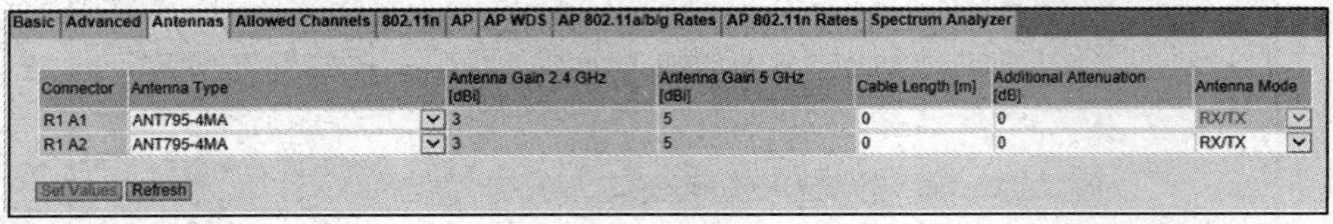

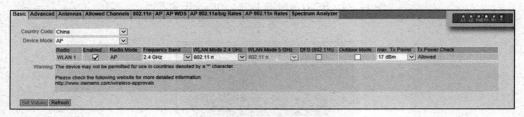

图 11 – 7 "Antennas"选项卡

②在"Basic"选项卡中选择"Country Code"为"China"，选择表格中"Enabled"标题栏下的复选框，将"max. Tx Power"的值修改为 17 dBm，以便"Tx Power Check"显示为"Allowed"，其他配置保持不变，最后单击"Set Values"按钮，如图 11 – 8 所示。单击配置界面右上角的 ▦，在弹出的 SCALANCE W774 模块指示灯监视界面中可以看到"R1"指示灯开始闪动（说明 SCALANCE W774 的无线功能已经启用）。

图 11 – 8 "Basic"选项卡

③在"Allowed Channels"选项卡中列出了频率带宽为 2.4 GHz 或 5 GHz 时可以选择的信道，可以保持默认设置，即所有信道都勾选（设备根据无线环境自适应选择信道），如图 11 – 9 所示；也可以勾选"Use Allowed Channels only"复选框后，选择特定的信道。

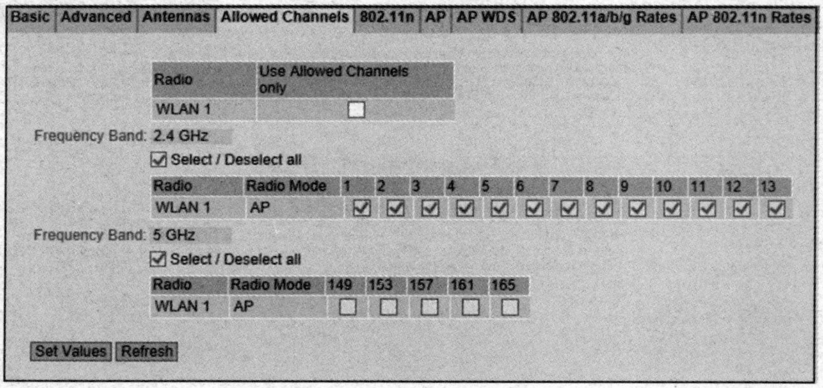

图 11 – 9 无线信道配置界面

④在"AP"选项卡中可以修改 SSID 号，如 Siemens Wireless 1，要确保要使用的 SSID

号之前的"Enabled"项为被勾选状态，如图 11 – 10 所示。

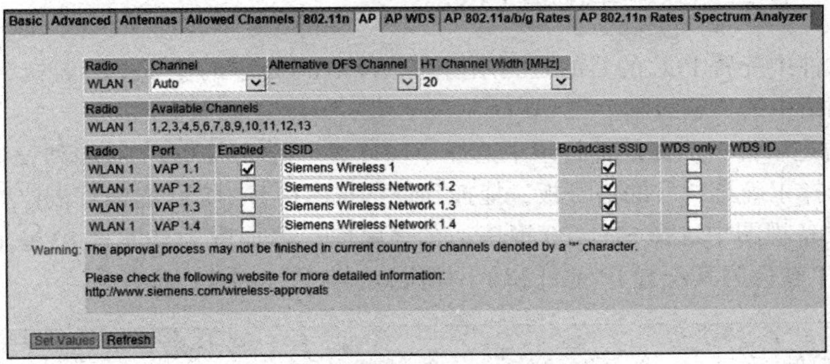

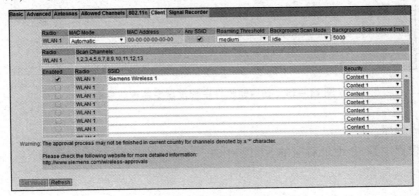

图 11 – 10 "AP"选项卡

2. 配置 SCALANCE W734

（1）利用工业以太网线缆将上位机与 SCALANCE XB208 的空闲以太网端口相连。

（2）在上位机的浏览器中输入 SCALANCE W734 的 IP 地址 192. 168. 0. 32，进入其登录界面。SCALANCE W734 的默认用户名和密码均为 admin。首次登录后，会弹出要求修改登录密码的提示。修改密码，重新登录后，将进入 SCALANCE W734 的向导配置界面（与图 11 – 4 所示的 SCALANCE W774 的向导配置界面类似）。

（3）选择配置界面左侧列表中"Interfaces"选项的子项"WLAN"进行无线配置（其配置过程与 SCALANCE W774 类似）。

①在"Antennas"选项卡中选择"Antenna Type"为"ANT795 – 4MA"，其他配置保持不变，最后单击"Set Values"按钮。

②在"Basic"选项卡中选择"Country Code"为"China"，选择"Device Mode"为"Client"，选中表格中"Enabled"标题栏下的复选框，其他配置保持不变，最后单击"Set Values"按钮。单击配置界面右上角的 ⬚，在弹出的 SCALANCE W734 模块指示灯监视界面中可以看到"R1"指示灯为绿色常亮（说明 SCALANCE W734 的无线功能已经启用）。

③"Allowed Channels"选项卡的内容保持不变。

④在"Client"选项卡中，设置 SSID 名称为"Siemens Wireless 1"，即要与 AP 设置的 SSID 名称一样，以便该客户端能够自动连接到 AP 上，如图 11 – 11 所示。

图 11 – 11 客户端 SSID 名称设置

11.5.4 在博途软件中配置 PLC

在博途软件中配置 PLC 的目的是利用博途软件对 PLC 中的变量进行监视，同时测试 IO 变量在通信网络中的传输过程。

（1）在博途软件中，在硬件目录中选择正确订货号的 S7 1200，添加到设备视图中；在硬件目录中选择正确订货号的信号板，拖拽到设备视图中 S7 1200 的信号板位置上。

（2）在设备视图中选择 S7 1200 模块，在"属性"界面中为其配置 IP 地址和子网掩码（也可使用 PST 软件为其配置 IP 地址和子网掩码），如图 11-12 所示。

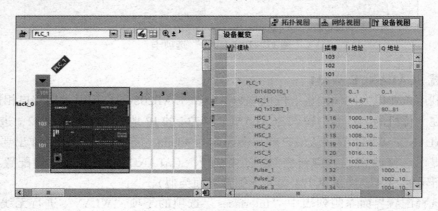

图 11-12 S7 1200 设备视图

（3）在博途软件的"项目树"中，找到"CPU 1214C"选项并在其树状结构的子项中找到"PLC 变量"，在"PLC 变量"的子项中双击打开"默认变量表"。在"默认变量表"中添加需要监视的 DI、DO、AI、AO 变量。本例添加了 4 个 DI 变量，如图 11-13 所示。

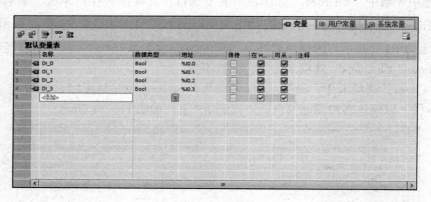

图 11-13 在博途软件中配置需要监视的变量

（4）编译程序。

（5）下载程序到 IP 地址对应的 S7 1200 中。

11.5.5 通信测试

在博途软件的"项目树"中,选择"CPU 1214C"项,单击工具栏中的"转到在线"按钮,然后在"PLC变量"的子项中双击打开"默认变量表"。在"默认变量表"中单击"全部监视"按钮。初始变量监视界面如图11-14所示。4个DI变量值均为FALSE,与实际开关状态一致,说明此时的数据传输路径"S7 1200→SCALANCE XB208→SCALANCE W734→SCALANCE W774→SCALANCE XM408→上位机"是通的,且数据传输正确。

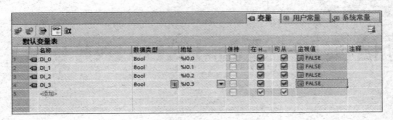

图11-14 初始变量监视界面

此时将开关1和开关2打开,可以看到"默认变量表"中对应变量DI_0与DI_1的值均为TRUE,如图11-15所示。

图11-15 改变开关状态后的变量监视界面

本章小结

本章主要讲述了工业无线通信网的组态方法,主要包括网络结构实施、配置交换机、为无线模块和PLC配置IP地址、配置无线模块以及在博途软件中配置PLC和通讯测试的方法。

思考与练习

11-1 写出工业生产过程中使用工业无线通信技术的必要性。

11-2 了解工业无线通信技术在各领域的具体应用形式。

实时通信实验(通过 PROFINET IO 系统)

12.1 技术背景

本实验仅涉及 PROFINET 的 8 个主要功能模块之一,即 PROFINET 分布式现场设备(PROFINET IO)。

1. 实时通信与 PROFINET 通信

实时是指系统在定义的时间内处理外部事件。确定性是指系统以可预测(确定的)方式进行响应。对于工业以太网,具有实时的确定性传输能力很重要。PROFINET 符合这一要求。因此,PROFINET 可以用作确定的实时通信系统,其功能如下:

(1)在保证的时间间隔内传输对时间要求严格的数据。为实现此目的,PROFINET 为实时通信提供优化的通信通道。

(2)确保使用其他标准协议的通信可以在同一网络中无故障地进行。

PROFINET 通信是通过工业以太网进行的,支持以下传输类型:

(1)工程组态数据和诊断数据及中断的非循环传输;

(2)用户数据的循环传输

PROFINET 通信是以实时方式进行的。

2. PROFINET IO

PROFINET IO 作为 PROFIBUS International 基于以太网的自动化标准,定义了跨厂商的通信、自动化系统和工程组态模式。作为 PROFINET 的一部分,PROFINET IO 是用于实现模块化、分布式应用的通信概念。PROFINET IO 是用于可编程控制器的 PROFINET 标准(IEC 61158 – x – 10)来实现的。

PROFINET IO 具有与 PROFIBUS DP 类似的组态、编程和诊断方法，而且有比 PROFIBUS 更高的实时性能。PROFINET IO 在 IO 控制器和 IO 设备之间进行过程数据交换。

（1）IO 控制器：用于对连接的 IO 设备进行寻址的设备，通常是运行自动化程序的控制器。

（2）IO 设备：分配给某个 IO 控制器的分布式现场设备，例如，分布式 IO、阀终端、变频器和具有集成的 PROFINET IO 功能的交换机。智能设备也可作为 IO 设备，如控制器。

PROFINET IO 是一个基于快速以太网第二层协议的可扩展实时通信系统。根据标准 IEEE802.1Q，PROFINET IO 消息帧优先于标准消息帧。这可以确保自动化技术中要求的确定性。数据通过优先的以太网消息帧来传输。使用实时通信功能，可实现起始值为 250 μs 的更新时间。

具有实时通信功能的 PROFINET IO 是集成 IO 系统的最优解决方案。该解决方案也可使用设备中的标准以太网以及市场上可购买到的工业交换机作为基础架构部件，不需要特殊的硬件支持。

如果希望使用全部的 PROFINET 功能，必须采用可根据标准 IEC 61158 支持 PROFINET 标准的交换机。在 PROFINET 设备的集成交换机和 PROFINET 交换机中（例如 SCALANCE 产品系列），可执行符合 PROFINET 标准的 PROFINET 功能，且无须对 PROFINET IO 系统中的集成进行限制即可使用该功能。

12.2　实验目的

（1）掌握配置组态一个 PROFINET IO 系统的方法；

（2）掌握 PROFINET IO 系统的通信测试方法。

12.3　实验准备

完成本实验所需的实验材料：2 个 S7 1200、1 个 SCALANCE XB208、1 台工控机和 3 根工业以太网线缆。

12.4　实验内容

（1）网络规划。

本实验网络结构为星形结构，利用一个 SCALANCE XB208 将两个 S7 1200 和一个上位机互连。

①作为 IO 控制器的 S7 1200 的 IP 地址为 192.168.0.21，通过 Portal 软件设置；

②作为 IO 设备的 S7 1200 的 IP 地址为 192.168.0.22，通过 Portal 软件设置；

③SCALANCE XB208 的 IP 地址为 192.168.0.12，通过 PST 软件设置；

④上位机的 IP 地址为 192.168.0.100，在上位机的 "Internet 协议版本 4（TCP/IPv4）属性" 对话框中设置。

（2）网络结构实施。

PROFINET IO 实验逻辑网络结构如图 12 - 1 所示。

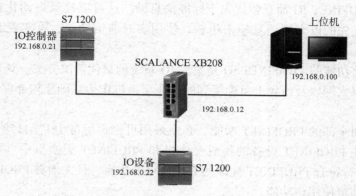

图 12 - 1   PROFINET IO 实验逻辑网络结构

（3）在 Portal 软件中配置 PROFINET IO 系统。

（4）进行通信测试。

12.5   实验步骤

12.5.1   网络结构实施

（1）利用工业以太网线缆，按照图 12 - 1 所示的逻辑网络结构，将作为 IO 控制器的 S7 1200 与 SCALANCE XB208 的 P2 端口连接，将作为智能 IO 设备的 S7 1200 与 SCALANCE XB208 的 P4 端口连接，将上位机与 SCALANCE XB208 的 P6 端口连接。

（2）接通电源。

12.5.2   配置上位机和交换机的 IP 地址

将上位机的 IP 地址配置为 192.168.0.100，将子网掩码配置为 255.255.255.0，网关不需要配置；参考 9.4.2 小节，利用 PST 软件，将 SCALANCE XB208 交换机的 IP 地址配置为 192.168.0.12。

12.5.3　在 Portal 软件中配置 PROFINET IO 系统

（1）新建项目。

（2）配置 IO 控制器。

①在项目中通过"添加新设备"命令添加 S7 1200，添加成功后，在设备视图中选择 S7 1200，在"属性"→"常规"→"项目信息"页面中将名称修改为"IO‐Controller"；

②设置 IO‐Controller 的子网、IP 地址和子网掩码。在设备视图中选择 S7 1200，在"属性"→"常规"→"PROFINET 接口"→"以太网地址"页面中设置子网、IP 地址和子网掩码，如图 12－2 所示。

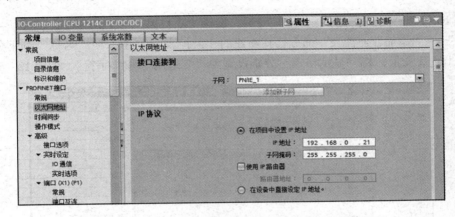

图 12－2　设置 IO 控制器的子网、IP 地址和子网掩码

③选择"属性"→"常规"→"PROFINET 接口"→"操作模式"选项，使用默认配置，即将该 PLC 作为 IO 控制器，如图 12－3 所示。

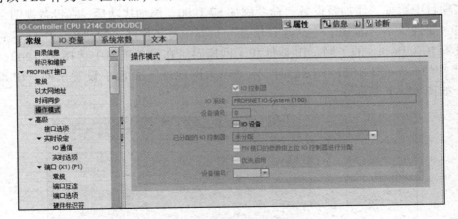

图 12－3　IO 控制器设置界面

④为 IO 控制器添加数据类型为 Byte 的变量，变量名称分别为"Tag_1"和"Tag_2"，地址分别为"%QB2"和"%IB2"，如图 12－4 所示。

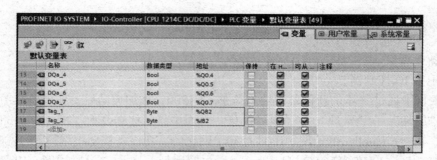

图 12 - 4　为 IO 控制器增加变量类型为 Byte 的变量

⑤在 IO 控制器的监控表中添加监控变量。选择"项目树"→"IO - Controller"→"监控与强制表"→"添加新监控表"命令，在新建的"监控表_1"中，在"名称"列下分别选择 Tag_1 和 Tag_2 变量，将"显示格式"分别设置为"二进制"和"字符"，如图 12 - 5 所示。

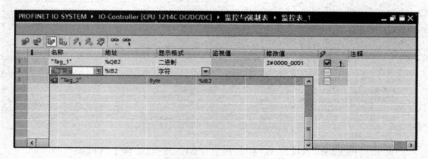

图 12 - 5　在 IO 控制器的监控表中添加监控变量

（3）配置 IO 设备。

①在项目中通过"添加新设备"命令添加 S7 1200，添加成功后，在设备视图中选择 S7 1200，在"属性"→"常规"→"项目信息"页面中将名称修改为"IO - Device"；

②设置 IO - Device 的子网、IP 地址和子网掩码。在设备视图中选择 S7 1200，在"属性"→"常规"→"PROFINET 接口"→"以太网地址"页面中设置子网、IP 地址和子网掩码，如图 12 - 6 所示。

图 12 - 6　设置 IO 设备的子网、IP 地址和子网掩码

③在设备视图中选择 S7 1200，选择"属性"→"常规"→"PROFINET 接口"→"操作模式"选项，勾选"IO 设备"复选框；在"已分配的 IO 控制器"下拉列表中选择 IO 控制器"IO – Controller. PROFINET 接口_1"选项，如图 12 – 7 所示。

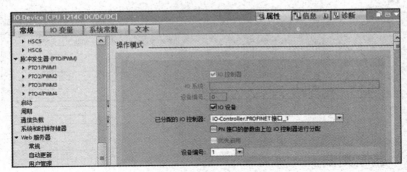

图 12 – 7 IO 设备配置界面

④为 IO 设备添加数据类型为 Byte 的变量，变量名称分别为"Tag_3"和"Tag_4"，地址分别为"% IB2"和"% QB3"，如图 12 – 8 所示。

图 12 – 8 为 IO 设备添加变量类型为 Byte 的变量

⑤在 IO 设备的监控表中。选择"项目树"→"IO – Device"→"监控与强制表"→"添加新监控表"选项，在新建的"监控表_1"中，在"名称"列下分别选择 Tag_3 和 Tag_4 变量，将"显示格式"分别设置为"二进制"和"字符"，如图 12 – 9 所示。

图 12 – 9 在 IO 设备的监控表中添加监控变量

⑥设置传输区。在设备视图中选择 S7 1200，选择"属性"→"常规"→"PROFINET 接口"→"操作模式"→"智能设备通信"→"新增"命令添加传输区。如图 12 – 10 所示，增加了两个传输区，第一个传输区表达的是将 IO 控制器中地址为 Q2 的变量的数据传输到智能设备中地址为 I2 的变量中，第二个传输区表达的是将智能设备中地址为 Q3 的变量

的数据传输到 IO 控制器中地址为 I2 的变量中。单击箭头,可改变传输方向。

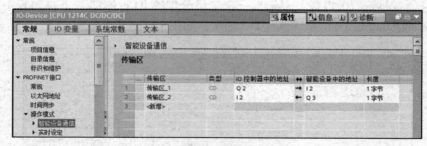

图 12 – 10 设置传输区

12.5.4 通信测试

将 IO – Controller 和 IO – Device 各自编译下载并运行。

在 IO 控制器的"监控表_1"和 IO 设备的"监控表_1"中,分别单击"全部监视"按钮 ![button]。

(1) IO 控制器中地址为 Q2 的变量值到智能设备中的地址为 I2 的变量值传输测试。

在 IO 控制器的"监控表_1"中,"在 Tag_1"行的修改值处,单击鼠标右键选择"修改为 1"命令,如图 12 – 11(a)所示,监视值将变为与修改值一样的数值,如图 12 – 11(b)所示。

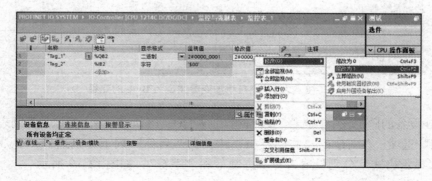

(a)

(b)

图 12 –11 修改 IO 控制器中地址为 %QB2 的变量的值

184

切换到 IO 设备的"监控表_1"，可以看到 IO 设备中地址为%IB2 的变量已经收到来自 IO 控制器发送过来的数据，如图 12－12 所示。

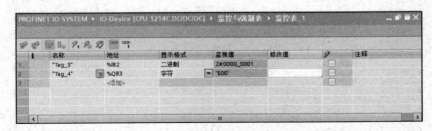

图 12－12　IO 设备地址为%IB2 的变量收到来自 IO 控制器地址为%QB2 的变量的值

（2）智能设备中地址为 Q3 的变量值到 IO 控制器中地址 I2 的变量值传输测试。

在 IO 设备的"监控表_1"中，"在 Tag_4"行的修改值处将修改值设置为"K"，单击鼠标右键选择"修改"→"立即修改"命令，如图 12－13（a）所示，监视值将变为与修改值一样的数值，如图 12－13（b）命令。

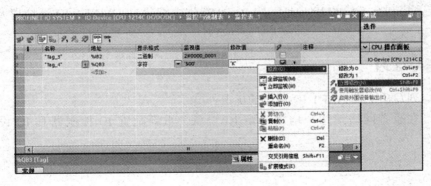

（a）

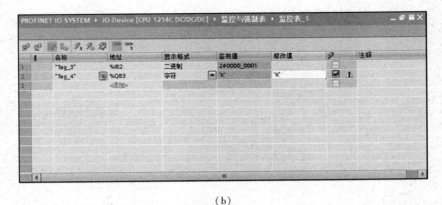

（b）

图 12－13　修改 IO 设备中地址为%QB3 的变量的值

切换到 IO 控制器的"监控表_1"，可以看到 IO 控制器中地址为% IB2 的变量已经收到来自 IO 设备发送过来的数据，如图 12－14 所示。

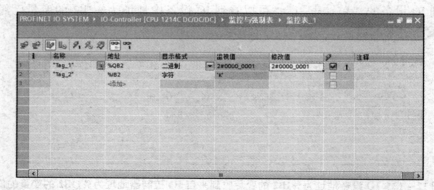

图 12 – 14　IO 控制器中地址为 %IB2 的变量收到来自 IO 设备中地址为 %QB3 的变量的值

本章小结

　　本章主要讲述了实时通信实验（通过 PROFINET IO 系统）方法，主要包括网络结构实施、配置上位机和交换机的 IP 地址、在 Portal 软件中配置 PROFINET IO 系统以及通信测试的方法。

思考与练习

　　12 – 1　列写出 PROFINET IO 通信的优点；

　　12 – 2　在原有网络结构中增加一个 IO 设备，重新配置 IO 控制器和 IO 设备并进行测试。

第 13 章

虚拟网络 VLAN 实验

13.1 技术背景

以太网是一种基于载波监听多路访问/冲突检测的共享通信介质的数据网络通信技术，当主机数目较多时会导致冲突严重、广播泛滥、性能显著下降，甚至网络不可用等问题。通过交换机实现局域网（Local Area Network，LAN）互连虽然可以解决冲突严重的问题，但仍然不能隔离广播报文。在这种情况下出现了虚拟局域网（Virtual Local Area Network，VLAN）技术。

VLAN 是把一个物理网络划分成为多个逻辑工作组的逻辑网段。VLAN 不是一个物理网络，但存在于物理网络上。这种技术可以把一个 LAN 划分成多个逻辑的 LAN——VLAN，每个 VLAN 是一个广播域，VLAN 内的设备间通信就和在一个 LAN 内通信一样，广播报文被限制在一个 VLAN 内。而属于不同 VLAN 的设备之间不能直接相互访问，它们之间的通信依赖于路由。VLAN 的特殊优点就是为节点和其他 VLAN 网段降低网络负荷。

VLAN 在 IEEE 802.1Q 标准中定义，其中包括：

（1）基于端口的 VLAN（第 2 层）；

（2）基于 MAC 地址的 VLAN（第 2 层）；

（3）基于 IP 地址的 VLAN（第 3 层）。

一个规模较大的工业企业控制系统，包括管理层、控制层和设备层，为保证对不同系统管理与控制的方便性和安全性以及整体网络运行的稳定性，通常采用 VLAN 技术进行虚拟网络划分，如在工业控制系统内部将各个生产车间和指挥调度中心划分 VLAN，通过配置路由，可以使各个生产车间和指挥调度中心之间互连互通（说明：本实验不涉及不同 VLAN

之间通过路由进行通信的内容）。

基于以太网的 VLAN 技术能够很好地实现工业控制生产中实时性与安全可靠性要求的有机统一。

13.2 实验目的

（1）掌握 VLAN 的配置方法；
（2）掌握基于 VLAN 的通信测试方法。

13.3 实验准备

完成本实验所需的实验材料：2 个 SCALANCEXM408 – 8C、2 个 S7 1200、5 根工业以太网线缆和 1 台上位机。

13.4 实验内容

（1）网络结构实施。

利用工业以太网线缆，按照图 13 – 1 所示的逻辑网络结构将两个交换机、交换机与上位机、交换机与 S7 1200 连接起来。

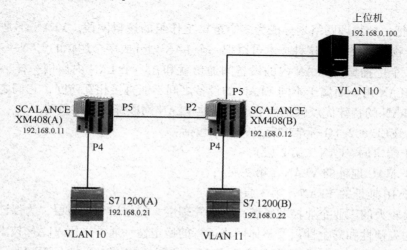

图 13 – 1　虚拟网络 VLAN 实验逻辑网络结构

（上位机与 IP 地址为 192.168.0.22 的 S7 1200 在 VLAN 10，IP 地址为 192.168.0.21 的 S7 1200 在 VLAN11）

（2）配置 VLAN（静态 VLAN，基于端口的 VLAN）。

（3）进行通信测试。属于同一 VLAN 中的设备可以 Ping 通，而属于不同 VLAN 的设备不能 Ping 通。

13.5　实验步骤

13.5.1　网络结构实施

（1）将 SCALANCE XM408 和 S7 1200 安装到导轨上；

（2）利用工业以太网线缆，按照图 13-1 所示的逻辑网络结构将交换机、S7 1200 和上位机连接［注释：先将上位机与 SCALANCE XM408（B）的 P6 端口连接，是因为后续配置把 P5 端口划分为 VLAN 10 之后，就不能再通过 P5 端口访问 SCALANCE XM408 的 Web 界面了——要访问其 Web 界面需要通过属于默认为 VLAN 1 的端口］。

（3）接通电源。

13.5.2　配置上位机、交换机和 PLC 的 IP 地址

将上位机的 IP 地址配置为 192.168.0.100。参考 9.4.2 小节，利用 PST 软件，将 SCALANCE XM408（A）的 IP 地址配置为 192.168.0.11，将 SCALANCE XM408（B）的 IP 地址配置为 192.168.0.12，将 S7 1200（A）的 IP 地址配置为 192.168.0.21，将 S7 1200（B）的 IP 地址配置为 192.168.0.22。

13.5.3　配置 VLAN

在进行 VLAN 划分时尽量遵循 "80/20" 原则，即 80% 的数据流量应在同一个广播域中传播，只有 20% 的流量被转发到网络上。系统工程师要把带宽要求高的用户或经常互相通信的用户尽可能划分到同一个 VLAN 中，以便把这些信息流量都限制在交换机内，节省出带宽供其他用户使用。

本实验中，将把上位机与 SCALANCE XM408（A）的 P4 端口相连接的 S7 1200（A）划分到 VLAN10；把与 XM408（B）的 P4 端口连接的 S7 1200（B）划分到 VLAN11。

1. 为 SCALANCE XM408（A）配置 VLAN

在浏览器中输入 SCALANCE XM408（A）的 IP 地址 192.168.0.11。在打开的登录界面输入用户名和密码后，进入配置界面。在配置界面左侧选择 "Layer2" → "VLAN" 选项，进入 VLAN 配置界面，如图 13-2 所示。

在图 13-2 所示的界面中，在 "VLAN ID" 编辑框中输入 "10"，即创建 VLAN 10，然后单击 "Create" 按钮，在表格中添加 "VLAN ID" 为 10 的行。在 VLAN ID = 10 的行中，在 "P1.4" 标题栏下双击，在弹出的列表中选择 "U"，最后单击 "Set Values" 按钮，如图 13-3 所示。

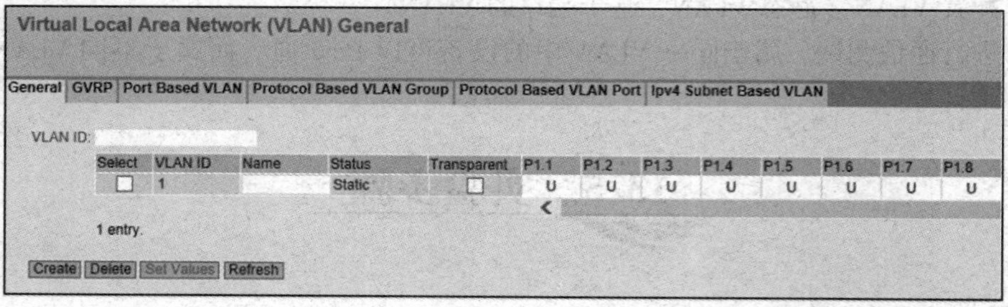

图 13 - 2 SCALANCE XM408 VLAN 配置初始界面

说明：连接到终端设备的端口必须设置不含 VLAN Tag，因为一般终端设备不能解释带 VLAN Tag 的帧，为此，需要把连接到终端设备的端口设置为"U"。

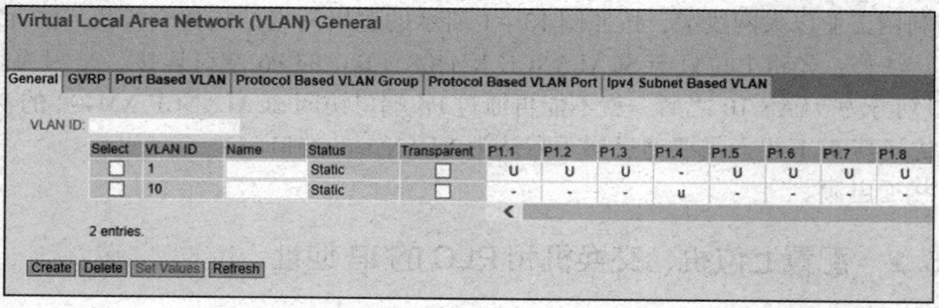

图 13 - 3 将 P1. 4 设置为属于 VLAN10

在 VLAN 配置界面中，单击上部"Port Based VLAN"选项卡，在页面的表格中找到"P1.4"行，在该行的"Port VID"栏下，单击"向下箭头"，在弹出的列表中选择"VLAN 10"，即将 SCALANCE XM408 的 P1.4 端口分配给 VLAN 10，如图 13 -4 所示。

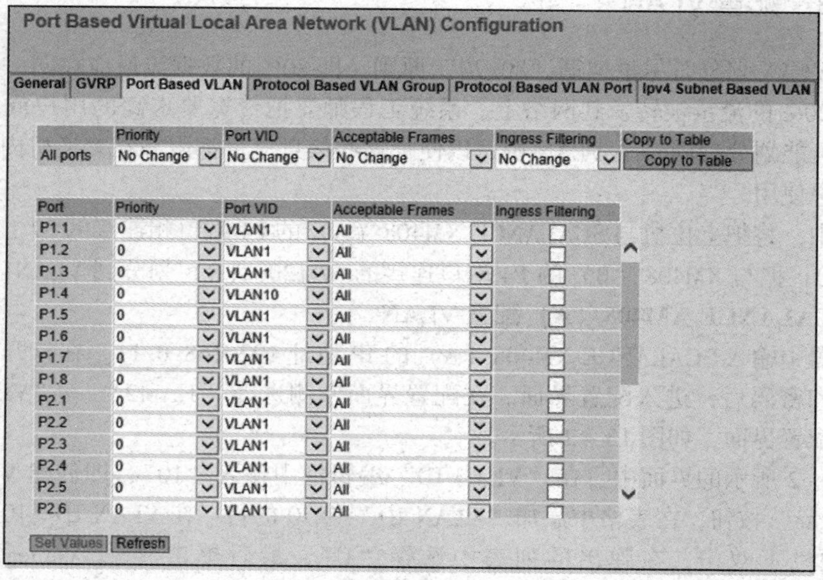

图 13 -4 为端口指定 VLAN ID

设置 Trunk。单击 VLAN 配置界面的"General"选项卡，在 VLAN ID = 10 的行中，在"P1.5"标题栏下双击，在弹出的列表中选择"M"，最后单击"Set Values"按钮，如图 13 - 5 所示。

说明：交换机到交换机的 VLAN 连接（主干连接 Trunk）必须含有 VLAN Tag。为此需要将交换机的用于主干连接的端口针对该交换机所拥有的不同 VLAN ID 分别设置为 M。

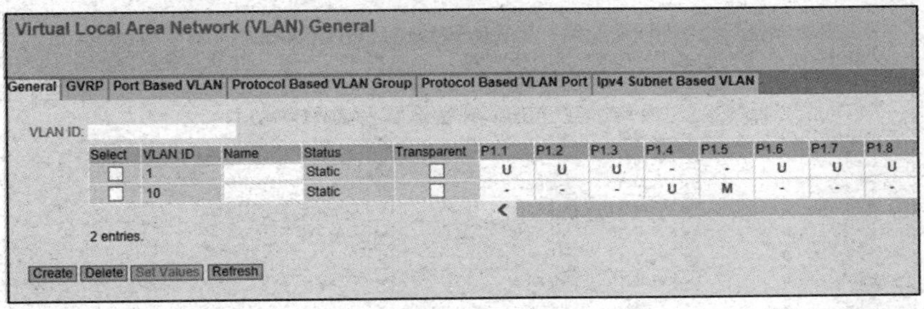

图 13 - 5　设置 Trunk

2. 为 SCALANCE XM408（B）配置 VLAN

在浏览器中输入 SCALANCE XM408（B）的 IP 地址 192.168.0.12。在打开的登录界面输入用户名和密码后，进入配置界面。在配置界面左侧选择"Layer2"→"VLAN"选项，进入 VLAN 配置界面，如图 13 -6 所示。

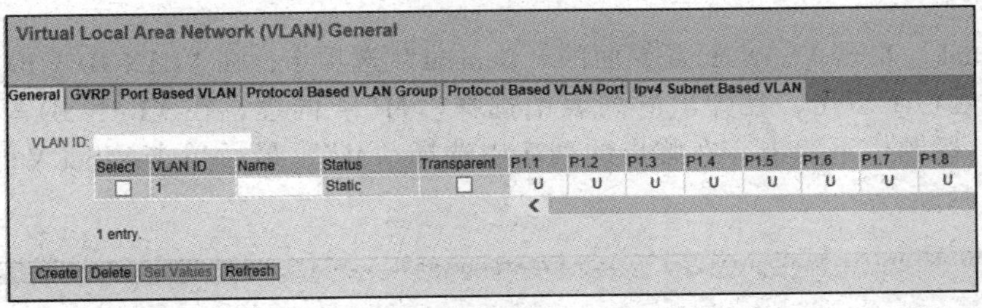

图 13 - 6　SCALANCE XM408 VLAN 配置初始界面

在图 13 -6 所示的界面中，在"VLAN ID"编辑框中输入"10"，即可创建 VLAN 10，然后单击"Create"按钮，在表格中添加"VLAN ID"为 10 的行。在 VLAN ID = 10 的行中，在"P1.5"标题栏下双击，在弹出的列表中选择"U"。单击"Set Values"按钮。同理，创建 VLAN11，然后在"P1.4"标题栏下双击，在弹出的列表中选择"U"。配置结果如图 13 -7 所示。

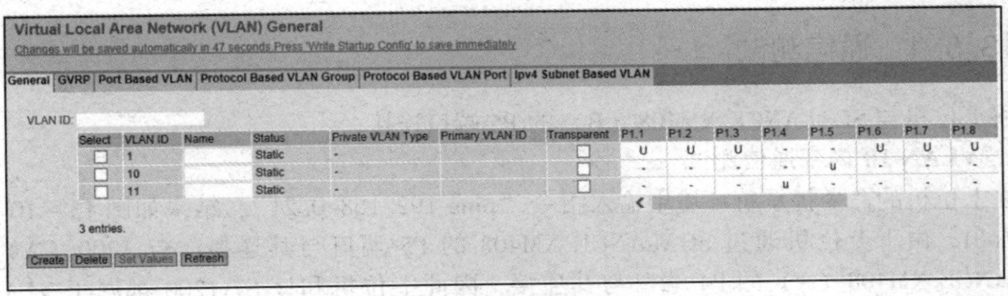

图 13 - 7　为 P1.5 和 P1.4 端口设置 VLAN

在 VLAN 配置界面中，单击上部"Port Based VLAN"选项卡，在页面的表格中找到"P1.5"行，在该行的"Port VID"栏下单击向下箭头，在弹出的列表中选择"VLAN 10"，即将 SCALANCE XM408 的 P1.5 端口分配给 VLAN 10。同理，将端口 P1.4 设置为属于 VLAN 11，最后单击"Set Values"按钮，如图 13-8 所示。

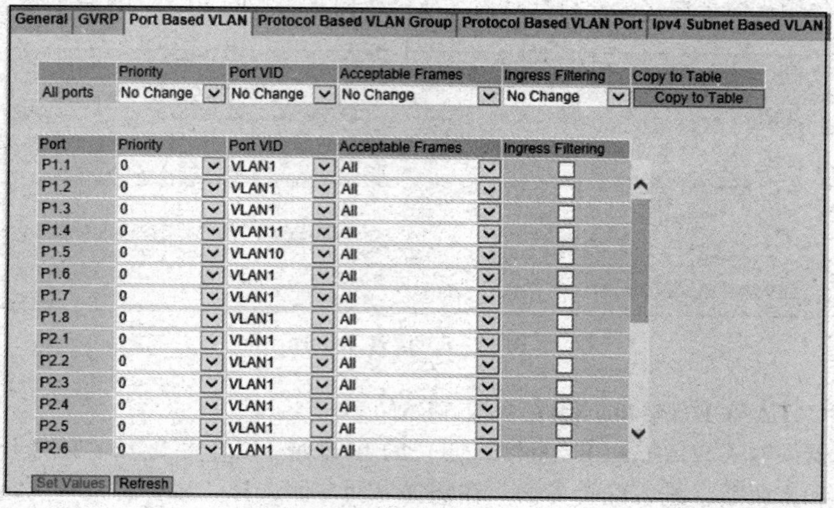

图 13-8　为端口指定 VLAN ID

设置 Trunk。单击 VLAN 配置界面的"General"选项卡，在 VLAN ID = 10 的行中，在"P1.2"标题栏下双击，在弹出的列表中选择"M"。同理，在 VLAN ID = 11 的行中，在"P1.2"标题栏下双击，在弹出的列表中选择"M"，最后单击"Set Values"按钮，如图 13-9 所示。

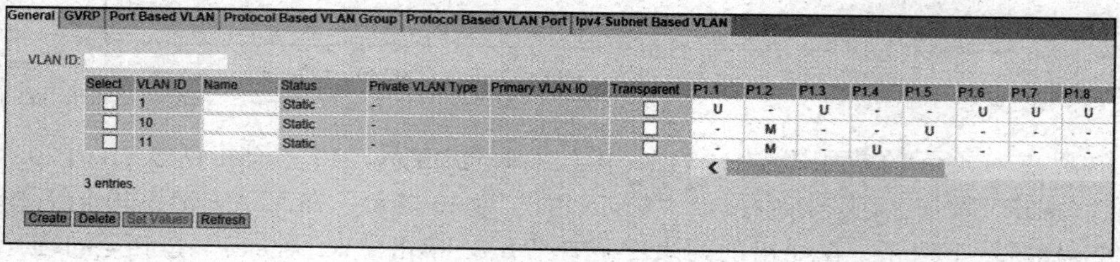

图 13-9　设置 Trunk

13.5.4　通信测试

将上位机与 SCALANCE XM408（B）的 P5 端口连接。

1. VLAN 10 内部通信测试

在上位机的命令提示符环境中输入指令"ping 192.168.0.21"，结果如图 13-10 所示。可以看出，由于上位机通过 SCALANCE XM408 的 P5 端口与其连接，S7 1200（A）通过 SCALANCE XM408（A）的 P4 端口与其连接，因此上位机和该 S7 1200 都属于 VLAN 10，因此由上位机发出的报文能够到达该 S7 1200，并且上位机能够收到该 S7 1200 回复的报文。

192

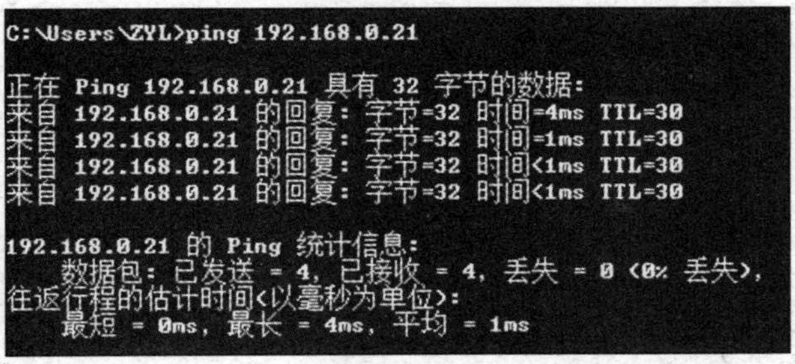

```
C:\Users\ZYL>ping 192.168.0.21

正在 Ping 192.168.0.21 具有 32 字节的数据:
来自 192.168.0.21 的回复: 字节=32 时间=4ms TTL=30
来自 192.168.0.21 的回复: 字节=32 时间=1ms TTL=30
来自 192.168.0.21 的回复: 字节=32 时间<1ms TTL=30
来自 192.168.0.21 的回复: 字节=32 时间<1ms TTL=30

192.168.0.21 的 Ping 统计信息:
    数据包: 已发送 = 4, 已接收 = 4, 丢失 = 0 (0% 丢失),
往返行程的估计时间(以毫秒为单位):
    最短 = 0ms, 最长 = 4ms, 平均 = 1ms
```

图 13－10　VLAN 10 内部通信测试结果

2. VLAN 10 与 VLAN 11 之间的通信测试

在上位机的命令提示符环境中输入指令“ping 192. 168. 0. 22”，结果如图 13－11 所示。可以看出，由于上位机属于 VLAN 10，而 S7 1200（B）属于 VLAN 11［因其与 SCALANCE XM408（B）的 P4 端口连接］，两个设备属于不同的广播域［虽然上位机与该 S7 1200 都在物理上与 SCALANCE XM408（B）连接］，因此该 S7 1200 是无法收到来自上位机的报文的，更不可能对来自上位机的报文进行处理和回复上位机。

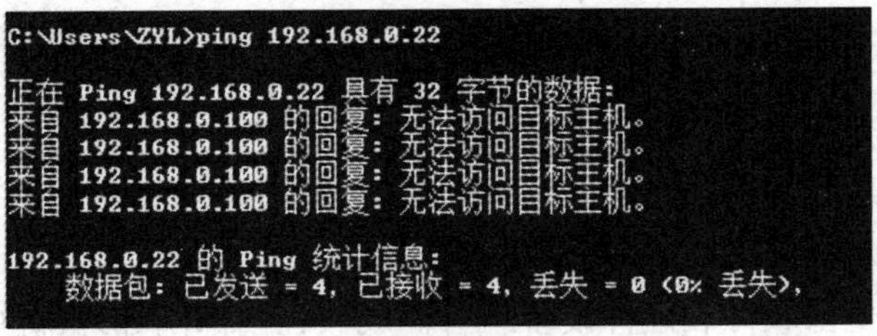

```
C:\Users\ZYL>ping 192.168.0.22

正在 Ping 192.168.0.22 具有 32 字节的数据:
来自 192.168.0.100 的回复: 无法访问目标主机。
来自 192.168.0.100 的回复: 无法访问目标主机。
来自 192.168.0.100 的回复: 无法访问目标主机。
来自 192.168.0.100 的回复: 无法访问目标主机。

192.168.0.22 的 Ping 统计信息:
    数据包: 已发送 = 4, 已接收 = 4, 丢失 = 0 (0% 丢失),
```

图 13－11　VLAN 10 与 VLAN 11 之间的通信测试

本章小结

本章主要讲述了 VLAN 的配置方法，主要包括网络结构实施，配置上位机、交换机和 PLC 的 IP 地址，配置 VLAN 以及通信测试的方法。

思考与练习

13－1　列写出应用 VLAN 的优势。

13－2　利用交换机其他端口进行 VLAN 的划分并进行测试。

第 14 章

防火墙实验

14.1 技术背景

防火墙指的是一个由软件和硬件设备组合而成，在内部网和外部网之间、专用网与公共网之间的界面上构造的保护屏障。防火墙是一种获取安全性方法的形象说法，它是一种计算机硬件和软件的结合，使 Internet 与 Intranet 之间建立起一个安全网关（Security Gateway），从而保护内部网免受非法用户的侵入。防火墙主要由服务访问规则、验证工具、包过滤和应用网关 4 个部分组成。防火墙通常使用的安全控制手段主要有包过滤、状态检测和代理服务。

防火墙能强化安全策略，有效地记录 Internet 上的活动，同时能限制暴露用户点，它隔开了网络中的一个网段与另一个网段，这样能够防止影响一个网段的问题通过整个网络传播。防火墙是一个安全策略的检查站，所有进出的信息都必须通过防火墙，这样它便成为安全问题的检查点，使可疑的访问被拒绝于门外。

随着工控信息安全越来越成为各方关注的焦点，越来越多的工业企业对工控信息安全产品投入了更多关注目光。现阶段工业防火墙仍是防护工控信息安全的主流产品，作为扼守工业网络安全的重要设备，工业防火墙的运行稳定性、响应精准性以及安全防护能力依然是工业用户普遍关注的重点。未来的防火墙的发展趋势是向高速、多功能化、更安全的方向发展。防火墙技术只有不断向主动型和智能型等方向发展，促进新一代防火墙技术产生，才能更好地满足人们对防火墙技术日益增长的需求，更好地促进我国经济的发展。

14.2　实验目的

（1）认识硬件防火墙设备；

（2）了解硬件防火墙的工作原理；

（3）掌握防火墙的设置方法。

14.3　实验准备

完成本实验所需的实验材料：1 个 SCALANCE S615、1 个 SCALANCE XM408 – 8C、2 个 SCALANCE XB208、2 个 S7 1200、2 台计算机和 7 根工业以太网线缆。

14.4　实验内容

本实验设定的工厂网络环境与要求如下：

现有一个生产车间，包括两个工艺单元，每个工艺单元分别有一个 S7 1200。两个工艺单元与车间的生产监控服务器通过 SCALANCE XM408 连接。防火墙模块 SCALANCE S615 将生产网络与外部管理网络隔离开。要求车间内部网络可以访问外部网络，而外部网络不能访问车间内部网络，以防止外部的恶意攻击。外部网络中，只有特定的用户可以访问内部网络。

网络拓扑结构如图 14 – 1 所示。

实验内容如下：

（1）IP 规划。

防火墙模块 SCALANCE S615 将网络分为外部网络和内部网络，其中外网网关的 IP 地址为 10. 10. 0. 1，子网掩码为 255. 255. 255. 0；内网网关的 IP 地址为 192. 168. 2. 1，子网掩码为 255. 255. 255. 0。

①运行企业管理系统的计算机：IP 地址为 10. 10. 0. 100，子网掩码为 255. 255. 255. 0，网关的 IP 地址为 10. 10. 0. 1。

②生产监控服务器：IP 地址为 192. 168. 2. 100，子网掩码为 255. 255. 255. 0，网关的 IP 地址为 192. 168. 2. 1。

③工艺单元 A 中 S7 1200：IP 地址为 192. 168. 2. 11，子网掩码为 255. 255. 255. 0，网关的 IP 地址为 192. 168. 2. 1。

④工艺单元 B 中 S7 1200：IP 地址为 192. 168. 2. 12，子网掩码为 255. 255. 255. 0，网关的 IP 地址为 192. 168. 2. 1。

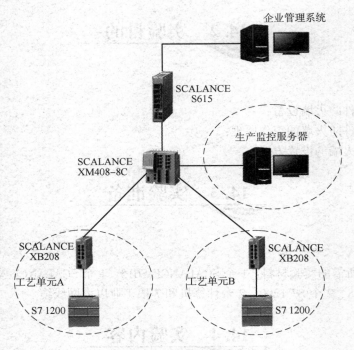

图 14 - 1　网络拓扑结构

SCALANCE XM408 与两个 SCALANCE XB208 不需要特定的配置。

（2）配置 SCALANCE S615。

（3）网络结构实施。

（4）进行防火墙功能测试。

14.5　实验步骤

14.5.1　在 SCALANCE S615 中划分 VLAN

在"Layer 2"→"VLAN"界面中设置基于端口的 VLAN，如图 14 - 2 和图 14 - 3 所示。其中，P1 ~ P4 端口分配给 VLAN1，P5 端口分配给 VLAN2，VLAN1 的"Name"为"INT"，VLAN2 的"Name"为"EXT"。

14.5.2　在 SCALANCE S615 中进行子网设置

在"Layer3"→"Subnets"→"Configuration"选项卡中分别配置外网和内网网关，如图 14 - 4 和图 14 - 5 所示。配置完成的结果如图 14 - 6 所示。

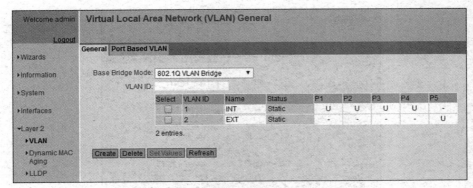

图 14 – 2 VLAN 设置（1）

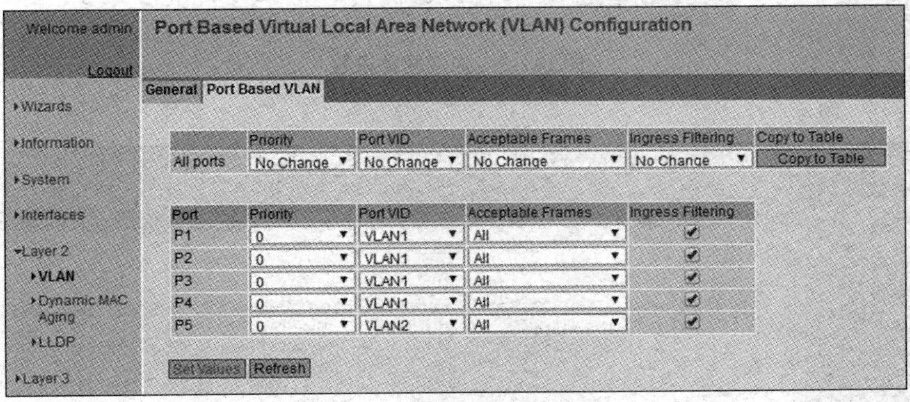

图 14 – 3 VLAN 设置（2）

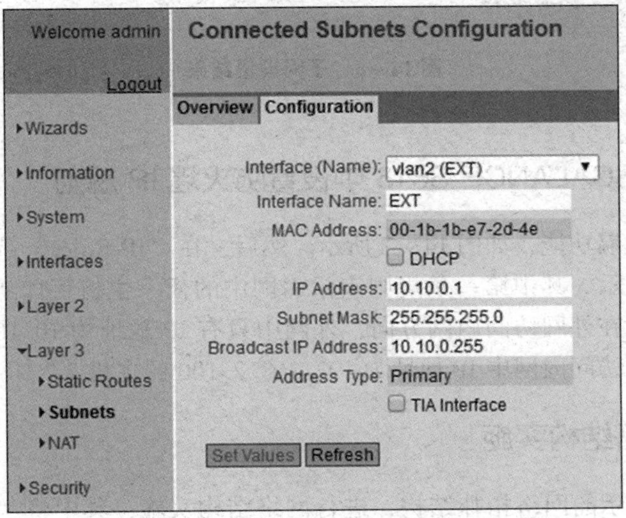

图 14 – 4 外网网关设置

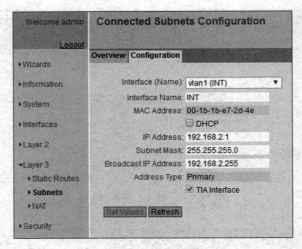

图 14 – 5　内网网关设置

图 14 – 6　子网设置结果

14.5.3　在 SCALANCE S615 中设置防火墙 IP 规则

首先，激活防火墙功能，如图 14 – 7 所示。然后，在 "IP Rules" 选项卡中添加 IP 过滤规则，如图 14 – 8 所示。其中第一条规则表示内网中的任一主机可以访问外网中的任一主机；第二条规则表示在外网访问内网方向，外网中只有 IP 地址为 10.10.0.100 的主机能够访问内网，且仅可以访问内网中 IP 地址为 192.168.2.100 的主机。

14.5.4　网络结构实施

根据图 14 – 1 所示的网络拓扑结构，进行网络结构实施，其中将 "企业管理系统" 计算机与 SCALANCE S615 的 P5 端口连接，将 SCALANCE XM408 与 SCALANCE S615 的 P1 ~ P4 的任一端口连接。SCALANCE XM408 的其他端口、SCALANCE XB208 的端口可任意选用。

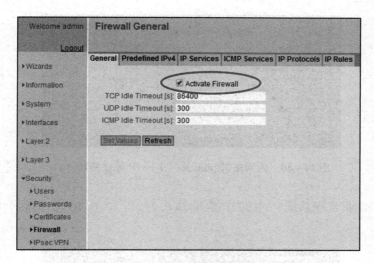

图 14 - 7 激活防火墙功能

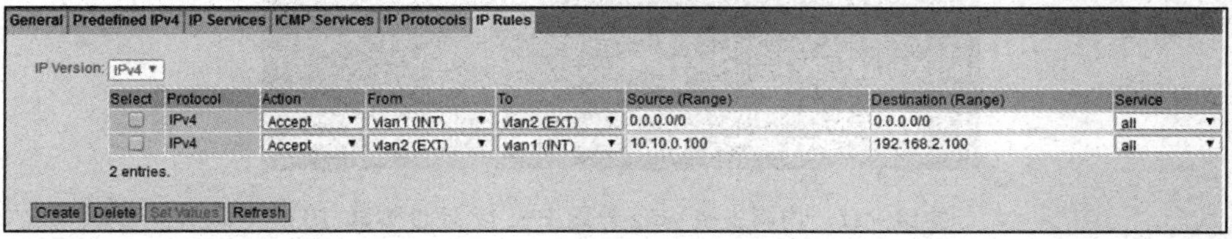

图 14 - 8 添加 IP 过滤规则

14.5.5 防火墙功能测试

（1）测试：内网中的任一主机可以访问外网中的任一主机。

①内网"生产监控服务器"主机 IP 地址为 192.168.2.100，外网"企业管理系统"主机 IP 地址为 10.10.0.100，前者 ping 后者的 IP 地址，是可以 ping 通的，如图 14 - 9 所示。

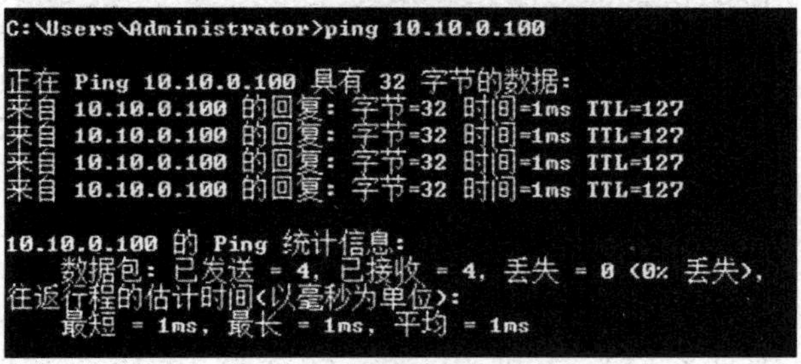

```
C:\Users\Administrator>ping 10.10.0.100

正在 Ping 10.10.0.100 具有 32 字节的数据:
来自 10.10.0.100 的回复: 字节=32 时间=1ms TTL=127
来自 10.10.0.100 的回复: 字节=32 时间=1ms TTL=127
来自 10.10.0.100 的回复: 字节=32 时间=1ms TTL=127
来自 10.10.0.100 的回复: 字节=32 时间=1ms TTL=127

10.10.0.100 的 Ping 统计信息:
    数据包: 已发送 = 4, 已接收 = 4, 丢失 = 0 <0% 丢失>,
往返行程的估计时间<以毫秒为单位>:
    最短 = 1ms, 最长 = 1ms, 平均 = 1ms
```

图 14 - 9 内网主机 ping 外网主机 IP 地址测试（1）

②将内网"生产监控服务器"主机 IP 地址修改为 192.168.2.101，仍然能够 ping 通，如图 14 - 10 所示。

199

图 14 – 10   内网主机 ping 外网主机 IP 地址测试 (2)

③将外网"企业管理系统"主机 IP 地址修改为 10. 10. 0. 101,仍然能够 ping 通,如图 14 – 11 所示。

图 14 – 11   内网主机 ping 外网主机 IP 地址测试 (3)

(2) 测试:在外网访问内网方向,外网中只有 IP 地址为 10. 10. 0. 100 的主机能够访问内网,且仅可以访问内网中 IP 地址为 192. 168. 2. 100 的主机。

①内网"生产监控服务器"主机 IP 地址为 192. 168. 2. 100,外网"企业管理系统"主机 IP 地址为 10. 10. 0. 100,后者 ping 前者的 IP 地址,是可以 ping 通的,如图 14 – 12 所示。

图 14 – 12   外网主机 ping 内网主机 IP 地址测试 (1)

②将外网"企业管理系统"主机 IP 地址修改为 10. 10. 0. 101,ping 内网主机 IP 192. 168. 2. 100,ping 不通,如图 14 – 13 所示。

③外网"企业管理系统"主机 IP 地址为 10. 10. 0. 100,将内网"生产监控服务器"主机 IP 地址修改为 192. 168. 2. 101,前者 ping 后者的 IP 地址,ping 不通,如图 14 – 14 所示。

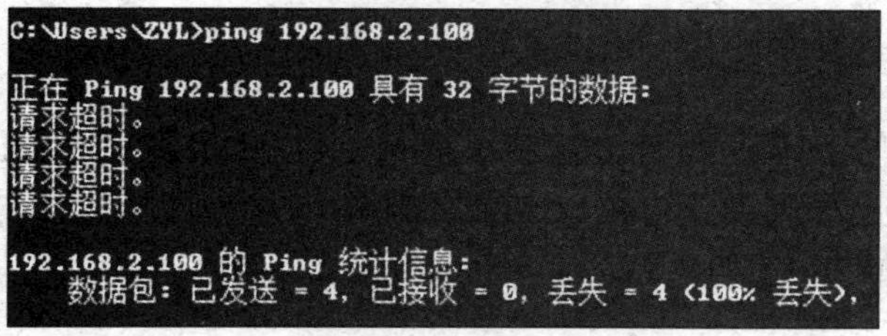

图 14-13　外网主机 ping 内网主机 IP 地址测试（2）

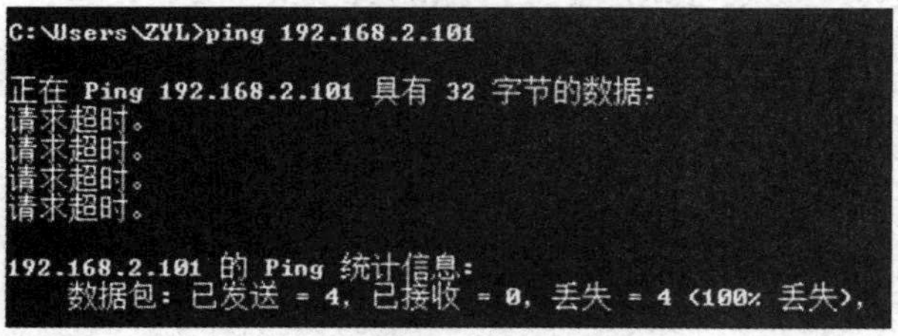

图 14-14　外网主机 ping 内网主机 IP 地址测试（3）

④外网"企业管理系统"主机 IP 地址为 10.10.0.100，ping 内网中工艺单元 A 中的 S7 1200，ping 不通，无法访问，如图 14-15 所示。这也符合信息安全要求，因为如果外网能够访问内网中的 PLC，那么内网是很容易遭受攻击的。

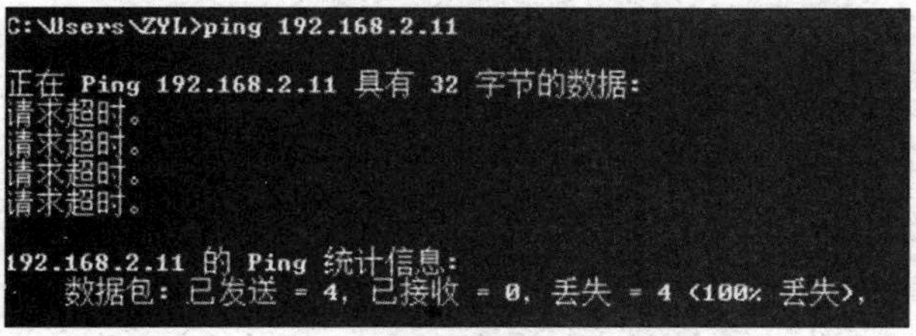

图 14-15　外网主机 ping 内网主机 IP 地址测试（4）

⑤外网"企业管理系统"主机 IP 地址为 10.10.0.100，ping 内网中工艺单元 B 中的 S7 1200，ping 不通，无法访问，如图 14-16 所示。这也符合信息安全要求，因为如果外网能够访问内网中的 PLC，那么内网是很容易遭受攻击的。

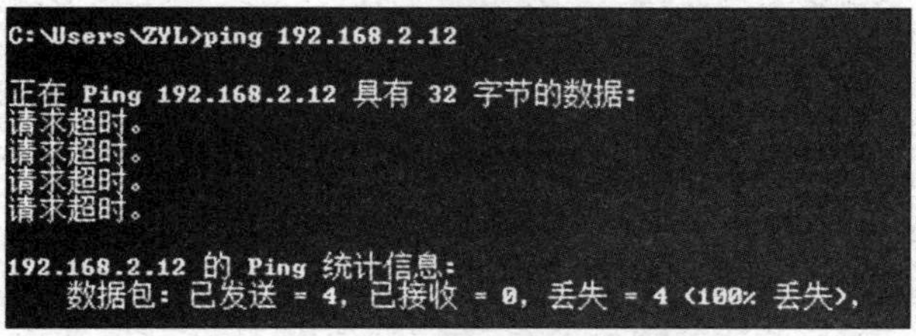

图 14-16　外网主机 ping 内网主机 IP 地址测试（5）

本章小结

本章主要讲述了防火墙的配置方法，主要包括在 SCALANCE S615 中划分 VLAN、在 SCALANCE S615 中进行子网设置、在 SCALANCE S615 中设置防火墙 IP 规则、网络结构实施和防火墙功能测试的方法。

思考与练习

思考：既然目前已经可以在交换机中集成信息安全控制功能，为什么还需要特定的防火墙硬件模块？

实验模块介绍

（1）三层工业以太网交换机——网管型 SCALANCE XM408，如附图 1 所示。

附图 1　网管型 SCALANCE XM408

该设备有 8 个 10/100/1 000 Mb/s RJ-45 和 8 个 100/1 000 Mb/s SFP 接口（光接口），主要功能：静态路由、动态路由、环网冗余管理、RSTP、VLAN、组播等。

（2）二层工业以太网交换机——网管型 SCALANCE XB208，如附图 2 所示。

附图 2　网管型 SCALANCE XB208

该设备有 8 个 10/100 Mb/s RJ-45 接口，主要功能：环网冗余管理、RSTP、VLAN、组播等。

（3）工业无线通信系统。

①工业无线接入点 SCALANCE W774 如附图 3 所示。

该设备有 2 个 RJ-45 工业以太网接口、2 个天线接口，支持 IEEE 802.11 a/b /g/h/n 通信协议，支持 2.4 GHz/5 GHz 频段。

附图 3 工业无线接入点 SCALANCE W774

②工业无线客户端 SCALANCE W734 如附图 4 所示。

该设备有 2 个 RJ-45 工业以太网接口、2 个天线接口，支持 IEEE 802.11 a/b /g/h/n 通信协议，支持 2.4 GHz/5 GHz 频段。

1 个工业无线客户端可以在多个工业接入点之间无线漫游。

附图 4 工业无线客户端 SCALANCE W734

（4）工业无线天线 ANT795-4MA 如附图 5 所示。

附图 5 工业无线天线 ANT795-4MA

该设备支持 2.4 GHz/5 GHz 频段，为全向天线，安装到无线接入点和无线客户端设备的天线接口上。

（5）工业信息安全模块 SCALANCE S615 如附图 6 所示。

图 6　工业信息安全模块 SCALANCE S615

该设备有 5 个 10/100 Mb/s RJ – 45 端口，主要功能：防火墙和 VPN。

（6）控制系统 S7 1200。

该设备有 14 通道数字量输入 DI（24V DC）、10 通道数字量输出 DO（24V DC）、2 通道模拟量输入 AI（0 ~ 10V DC）、1 个模拟输出模块、1 通道 AO。两个 S7 1200 可以进行 PROFINET IO 通信。

S7 1200 在工业网络通信系统中的功能是向由交换机、无线模块组成的工业网络中传输生产数据信息。

附录 2

实验设备展示

注：本设备为"西门子杯"中国智能制造挑战赛中信息化网络化赛项指定比赛设备。

参 考 文 献

［1］廖常初. 西门子人机界面（触摸屏）组态与应用技术（第3版）［M］. 北京：机械工业出版社，2019.

［2］王振力，刘博. 工业控制网络［M］. 北京：人民邮电出版社，2012.

［3］关于工业控制网络的发展现状及趋势的研究. 数字制造网，2016 - 04 - 19.

［4］工业控制网络. 人民邮电出版社教学服务与资源网，2018 - 07 - 21.

［5］方原柏. 工业无线通信是推动自动化发展的关键技术［J］. 冶金自动化. 2014，38（5）.

［6］曾鹏，张华良，徐皑冬. 工业无线技术在油气行业的应用［J］. 仪器仪表标准化与计量，2008（2）.

［7］燕来荣. 无线网络通信技术将成为工业自动化中的一个新兴热点［J］. 电力电子，2013（1）.

［8］SIMATIC PROFINET 系统说明. SIMATIC PROFINET 系统手册，2012.

［9］刘顺卿，朱良勇. 虚拟局域网和路由技术及其应用［J］. 计算机光盘软件与应用，2013（11）.

［10］张国平. 虚拟局域网技术在工业控制网络中的应用技术［J］. 现代工业经济和信息化，2014，4（7）：117 - 119.

［11］陈关胜. 防火墙技术现状与发展趋势研究［C］// 信息化、工业化融合与服务创新——第十三届计算机模拟与信息技术学术会议论文集. 中国优选法统筹法与经济数学研究会计算机模拟分会，2011：6.

［12］工控信息安全防护——三零卫士工业防火墙安稳准［J］. 信息安全与通信密保，2014，12：107.

［13］周启辉. 防火墙的现状与发展趋势分析［J］. 涟钢科技与管理，2003（06）：605 - 606.